이야기 물리학사

다케우치 히토시 지음
손영수 옮김

전파과학사

「학술문고」를 위한 머리말

『물리학의 역사』를 쓴 것은 내가 도쿄대학 이학부 지구물리 교실의 특별대학원생이던 무렵이었다. 지도교수였던 쓰보이(坪井忠二) 선생의 권유로 이것을 썼다. 이것은 나의 첫 작품이며, 그런 의미에서 매우 감회가 깊은 책이다. 현재는 테이프레코더와 워드프로세서를 사용하여 작업하고 있지만, 당연하게도 그 당시의 나는 그런 지적 생산을 위한 무기를 갖고 있지 못했다. 게다가 세상만사가 부자유하던 무렵이라, 원고를 쓸 때에 참고할 만한 책도 거의 나와 있지 않았고, 설사 나와 있었다 해도 손에 넣기 어려운 시절이었다. 어쨌든 손에 넣을 수 있는 최대한을 넣어서 쓴 것이 바로 이 책이다. 젊음과 당시의 부자유성을 고려한다면, 이 책은 상당한 역작이라고 자신한다. 이번에 이 책을 고단샤(講談社) 학술문고에 수록하게 되어 한량없이 기쁘다.

이것은 물리학의 통사(通史)이며, 이집트와 메소포타미아 문명의 무렵에서부터 20세기 초의 상대성이론과 전기(前期) 양자론까지를 아우르고 있다. 각 분야의 학문에 이러한 간편한 통사가 있으면 무척 편리하겠건만, 안타깝게도 우리나라에는 이런 책이 별로 없다. 현재는 물론, 내가 이 책을 쓴 당시에도 과학사가라고 일컫는 사람은 많았다. 그러나 어느 특정 시대나 학자만을 전문적으로 연구하고, 이런 통사를 쓰는 일은 꺼림칙하게 생각했던 것 같다. 젊은이에게 흔히 있는 일종의 정의감을 토대로, 이러한 풍조를 거스르며 나는 이 책을 썼다.

4

학술문고에 수록되는 기회에 다시 한 번 고쳐 읽어 본즉, 구판에는 몇 가지 오류가 있었다. 이 책의 해설을 써주신 도카이(東海)대학의 나카무라(中村誠太郎) 교수로부터도 그것들에 대한 지적을 받았다. 그것들을 이 기회에 정정했다. 그러나 구판의 맛을 위해 정정은 최소한으로 그쳤다.

특별대학원을 마치고, 나는 바로 조교수가 되어 수년간 교양학부에서 강의를 했다. 당시 선배가 나카무라 씨이다. 그와는 그 이후 오래도록 인연을 맺고 있다. 그는 시가(滋賀)현 출신이고 내가 태어난 후쿠이(福井)현과 이웃하고 있기도 하여 우리는 뜻이 잘 맞는다. 유카와 히데키(湯川秀樹) 선생의 제자인 그는 다수의 훌륭한 원자물리학자를 양성해왔다. 그런 그가 나의 이 작은 책에 선물로 글을 써 주신 것을 미안하게, 또 고맙게 생각하고 있다. 이 책이 그에 걸맞은 역할을 훌륭히 해내주기를 바란다.

다케우치 히토시

머리말

　나 역시, 이와 같은 책으로 인해 학문의 길을 뜻하게 되었고, 고생스럽기는 하나 즐거운 학문의 길을 나날이 더듬어 나가고 있는 사람입니다. 오래전부터 이런 책을 쓰는 일이 뒤에 오는 여러분을 위한 의무라고 생각해 왔습니다. 그 의무를 마친 지금, 솔직히 말해서 약간은 홀가분한 기분입니다.

　물리학은 매우 젠 체하는 학문인 것 같습니다. 그러나 물리학도 인간의 소산임에는 틀림없습니다. 이 책을 읽어보면 알 수 있겠지만, 물리학은 매우 인간적인 역사를 지니고 있습니다. 그것을 알아주셨으면 하는 것이 이 책을 쓴 이유 중의 하나입니다.

　또 하나는, 현대기술의 화려한 발전의 그늘에서 진리를 추구하며 끊임없이 노력하고 있는 물리학자가 있다는 것을 알아주셨으면 합니다.

　이 두 가지 일을 알아주시는 것만으로도, 내가 이 책을 쓴 목적은 완전히 이루어집니다. 게다가 이 작은 책에 의해 학문의 길을 뜻하는 검은 눈동자를 가진 젊은이가 나타난다면 그것은 나의 소망 이상의 더없는 기쁨이라 하겠습니다.

지은이

차례

8

I. 물리학의 시작에서 르네상스까지

1. 인류의 발생

물리학의 발생을 거슬러 올라가다보면 지구상에 처음으로 인간이 나타난 순간에 다다르게 됩니다. 문명은 불을 사용한 데서부터 시작되었다고 합니다. 최초의 인간은 번개가 떨어지거나 나무와 나무가 마찰하여 자연적으로 발생한 불이 꺼지지 않도록 필사적으로 보존했을 것이 틀림없습니다.

현재 발굴되고 있는 태곳적 인간이 살고 있었던 곳 어디에나 불을 사용한 흔적이 있습니다. 게다가 현재 살고 있는 동물의 어느 것도 인간 이외에는 불을 사용하는 생명체가 없습니다. 그러므로 불의 사용이 인간문명의 시작이 된다고 생각하는 것은 그 나름으로 타당성이 있습니다. 인간은자연의 불을 보존하는 차원을 넘어, 인간은 나무와 나무, 돌과 돌을 마찰하여 불을 일구는 방법을 스스로 익혔습니다.

인간은 연장(도구)을 사용하는 동물이라고도 합니다. 매일 매일의 식량을 얻기 위해서는 연장이 필요했습니다. 사용한 그 재료에 따라 석기시대, 청동기시대, 철기시대라는 이름으로 인류의 역사가 시작된 무렵의 시대를 분류한다는 것은 여러분도 어디선가 배웠을 것입니다.

산에서 사냥하기 위한 활이나 화살, 땅을 가는 팽이와 가래가 사용된 무렵에는 이미 인간의 문명도 상당히 진보해 있었습니다.

2. 정착생활

인간이 수확물과 목초를 쫓아 이동하며 걸어 다녔던 무렵, 인간들 중, 어떤 사람은 가래나 팽이를 사용하여 농경을 시작했습니다. 상류로부터 풍부한 물을 내려 보내는 커다란 강 주위가 땅도 기름지고 물 공급도 수월해서 자연히 큰 강을 중심으로 많은 사람이 모여들었습니다.

이리하여 나일강, 티그리스-유프라테스강, 황하 주위에 인류 문명의 최초의 꽃이 피기 시작했습니다. 바로 여기에서, 후세의 물리학의 선구가 되는 몇 가지 학문이 탄생했습니다.

3. 이집트 문명

나일강은 강물이 바다로 나가는 곳에 커다란 삼각주를 가지고 있습니다. 오늘날 수학에서 사용되는 기호로 델타(Δ)가 있는데, 그 모양이 삼각형인 데서부터 알 수 있듯 삼각주를 상징합니다. 나일강의 상류로부터 해마다 실려 온 흙과 모래는 퇴적하여 이 삼각주를 형성했습니다.

나일강은 이른바 우기(雨期)라고 불리는 시기에 범람하여 논밭의 경계를 지워버리는 일이 흔했습니다. 그러므로 이 나일강 주변에 사는 사람들에게는, 일 년의 어느 때쯤 나일강이 범람하느냐 하는 것과 또 범람으로 말미암아 경계가 없어진 논밭을 복구하려면 어떻게 해야 할까 등이 중요한 문제였습니다. 이 문제들로 하여금 물리학의 모체가 된 천문학과 측량술, 삼각법이 나일강 주위에서 발달하게 되었습니다.

하늘에 반짝이는 별은 지금의 우리에게도 왠지 모를 신비한 느낌을 주지만 태곳적 사람들에게는 몇 배는 더 그러했을 것입니다. 밤마다 하늘을 관찰한 결과, 사람들은 별과 하늘에는 일정한 아름다운 질서가 있다는 것을 깨닫게 되었습니다. 어떤 별은 한 해의 어느 계절에 저녁부터 나타나고, 어느 계절에는 아침녘에 나타나며, 더구나 해마다 그것이 되풀이된다는 것을 알았을 때 사람들이 얼마나 놀랐겠습니까?

이를테면 이집트에서 시리우스라는 별이 새벽녘에 반짝일 무렵이면 언제나 나일강이 범람하여, 이 별을 '나일의 별'이라 부르기도 했습니다. 「앎은 힘이다」라는 말이 있습니다. 나일의 별을 알게 된 이집트 사람들은 이 별을 보고 나일강의 범람에 대비할 수 있게 되었습니다. 여기에서 천문학이 싹트기 시작했습니다.

실용적인 의미를 떠나, 천문학은 또 뜻하지 않는 곳에서도 '이용'되었습니다. 사실은 이용이라기에는 우스운 일이지만, 그것은 '점성술(占星術)'이라는 일종의 점치기입니다. 여러분도 트럼프로 혼자서 점을 쳐본 일이 있겠지만요. 그와 같은 일을 별로써 하는 것이 점성술입니다.

점성술에서 어떤 사람의 운명은 그 사람이 태어났을 때의 별의 배치에 따라 정해져있다는 것이 진지하게 고려되었습니다. 그래서 옛날 임금의 궁정 따위에는 점성술사(占星術師)라고 하는 이 방면의 전문가가 있어 시종 별을 관측했습니다.

물리학의 역사상 중요한 역할을 한 티코 브라헤(Tycho Brahe, 1546~1601)라는 사람도 점성술사였습니다. 이와 같이, 얼핏 보기에는 시시한 듯한 일도 뜻밖의 도움을 줍니다.

4. 바빌로니아 문명

티그리스-유프라테스강 주위에 살고 있던 바빌로니아인에게서 두드러진 일은 그들이 십진법(十進法)을 사용하고 있었다는 것입니다. 그들은 오늘날과 같은 1, 2, 3…… 식의 표현방법이 아닌, 더 복잡한 기호를 사용하고 있었습니다.

또, 육십(60)을 단위로 사용하는 육십진법도 사용했던 것 같습니다. 이와 같은 일은 모두 현재 발굴되고 있는 여러 자료를 바탕으로 알려졌습니다. 십진법에 관해서는 1906년 미국의 펜실베이니아대학의 탐험대가 니푸르 신전에서 발굴한 「니푸르 본문(本文)」을 참고하면 됩니다.

5. 그리스 문명

이집트와 바빌로니아에서 발생한 문명은 서방으로 옮겨갔고, 기원전 600년경부터 그리스에 새로운 문명의 꽃이 피기 시작했습니다. 그리스인이 물리학에 기여한 바는 물리학에서 논리(論理)를 존중해야 한다는 것을 밝힌 일입니다. 이것은 이집트인이나 바빌로니아인에게서는 볼 수 없었던 경향입니다.

여러분은 소크라테스(Socrates, B.C. 470?~399)나 플라톤(Platon, B.C. 427?~347)이라는 철학자(이 시대의 물리학은 철학과 같은 범주였습니다)의 이름을 어딘가에서 들었을 것입니다. 플라톤의 「설사 그것이 어디로 이끌어가든, 이성(理性)을 좇아가지 않겠는가?」라는 말이 있습니다. 이것이 훌륭한 그리스인의 마음가짐이었습니다.

물리학에서 논리가 중요하다는 것은 이 책을 읽어나가는 동안에 차츰 알게 될 것입니다. 그러나 여기에는 매우 중요한 것이 있습니다. 그것은 물리학은 논리만이 아니라는 것입니다. 오히려 물리학에서의 논리는 자연의 뒷받침이 없으면 안 된다고 하는 것이 좋을는지 모르겠습니다.

물리학의 논리의 사용법은 다음과 같은 순서를 취합니다. 먼저, 논리의 재료가 되는 것은 자연의 관찰이나 실험 등에 의해 얻어진 사실이어야만 합니다. 논리라고만 말하면, 굳이 그 재료가 자연계의 사실이 아니라도 무방하겠지만 '물리학에서의 논리'는 그럴 수가 없는 것입니다.

다음 순서로 일련의 사실들을 논리에 의해 질서를 부여합니다. 거기서 관찰이나 실험에 의해 그 옳고 그름을 판단할 수 있는 결론을 도출해냅니다. 그리고 마지막으로 관찰이나 실험에 의해 그 옳고 그름을 판단합니다.

실험이나 관찰에 의해 옳고 그름을 판단할 수 없는 논리는 '물리학의 논리'가 될 수 없습니다. 말하자면 물리학은 자연에서 시작하여 자연으로 끝나는 것으로서 그 양끝에 징검다리를 놓는 것이 '물리학에서의 논리'입니다. 자연으로부터 시작하지 않는 논리는 공리공론이며, 자연으로 끝나지 않는 논리는 결말 없는 공론으로 끝납니다. 그 양쪽 모두 '물리학에서의 논리'는 아닌 것입니다.

그리스인의 논리라고 하면 대개는 이 공리공론이나 결말 없는 공론, 둘 중 하나였습니다. 이것은 아직 당시에는 자연을 관찰하는 수단이 부족했기 때문인데, 그럼에도 불구하고 그리스인이 억지로 논리를 사용했기 때문입니다.

6. 물리학과 논리

자연계에는 실로 많은 물질이 있습니다. 그러나 인간에게는 간결함을 좋아하는 성향이 있습니다. 「자연계에 있는 대부분의 것은 외관상으로 다를 뿐 그 근원은 하나다, 그것이 여러 가지 모양을 취해서 나타나는 것이다」라고 하는 우주일원설(宇宙一元

說)은 이런 점에 뿌리를 두었을 것입니다.

기원전 600년경, 탈레스(Thales, B.C. 640?~546)라는 사람은 '만물의 근원은 물'이라고 생각했습니다. 그러나 이것으로는 좀처럼 물질의 여러 가지 성질을 설명할 수 없었기 때문에, 기원전 370년경인 아리스토텔레스(Aristoteles, B.C. 384~322) 무렵에는 물, 공기, 흙, 불의 네 가지가 자연계의 물질의 근원이라고 생각하고 있었습니다. 이것이 '4원설(四元說)'입니다. 더구나 그 이유가 별나고 재미있습니다. 도대체 왜 만물의 근원인 수가 4일까? 피타고라스의 제자인 에우데무스(Eudemos)는 다음과 같이 생각했습니다.

당시에는 서로 같은 정다각형을 합쳐서 만들어질 수 있는 입체로 정육면체, 정사면체, 정팔면체, 정십이면체의 네 가지가 알려져 있었습니다. 에우데무스는 이들 네 가지 정다면체가 위에서 말한 우주의 4원소에 대응하는 것이라고 주장하기 시작했던 것입니다.

과연 이렇게 생각하고 보면 정다면체가 네 가지밖에 없듯, 우주의 원소도 네 종류 뿐이라는 추론은 일단 성립되었습니다. 여기서 여러분이 생각해 보아야 할 점은 설사 그것이 일단 이론상 맞는다고 한들 그 결론을 확인할 수 있느냐 하는 것입니다.

이를테면 에우데무스는 물의 원소는 모양이 정십이면체라고 생각했는데, 어떤 방법으로든 실제로 그것이 확인되지 않는 한 이것은 단지 이론에 지나지 않습니다. 그러므로 이것은 물리학의 논리로는 성립될 수 없는데, 그보다 더 큰 일이 생겼습니다. 그 무렵 오각형을 열두 개 합쳐서 만들어지는 정십이면체가 있다는 것을 증명한 사람이 나타났던 것입니다.

이것은 확실히 큰 문제였지만, 에우데무스는 그런 말을 하는 자는 신을 두려워하지 않는 불손한 자라는 묘한 트집을 잡으며 반대론을 내세울 수밖에 없었습니다. 후에 그 정십이면체를 발견한 사람은 물에 빠져 죽었다고 하는데, 사람들은 이것도 천벌이라고 생각했을는지 모릅니다.

7. 자연은 진공을 두려워한다

논리에서 실패한 또 한 가지 예를 살펴봅니다. 1643년 토리첼리(Evangelista Torricelli, 1608~1647)는 한 쪽을 밀봉한 대롱 속에 수은을 채우고, 그 밀봉한 쪽을 위로 하여 수은을 담은 그릇 속에 세웠습니다. 그러자 대롱 속의 수은은 어느 점까지 내려가서 대롱 속의 수은 윗부분에 이른바 '토리첼리의 진공'이 생겼습니다. 이런 간단한 일을 왜 17세기경까지 몰랐는가 하면, 이것도 그리스인의 논리에서 비롯된 재앙이었습니다.

그 내용은 이렇습니다. 아리스토텔레스는 다음과 같은 논의를 했습니다. 「진공이란 '무(無)'라고 하는 것이다, 그러므로 진공이 있다는 것은 '무'가 있다는 것이므로 이것은 그 자체가 모순된 생각이다」라고 말입니다. 아리스토텔레스는 낙체(落體)의 법칙에 대해서도 그릇된 사고방식을 지니고 있었습니다만, 이 아리스토텔레스의 생각은 그의 철학자로서의 위대성 때문에, 2000년 동안이나 사람들의 사고방식을 지배해 왔습니다.

이제, '물리학의 논리'는 어디까지나 그 결론이 자연의 관찰이나 실험에 의해서 확인되지 않으면 성립도지 않는다는 것을 이해했으리라고 봅니다.

8. 유클리드

비슷한 시기에 유클리드(Euclid Alexandria, B.C. 330?~275?)라는 기하학자가 있었습니다. 여러분이 중학교에서 배우는 기하학을 유클리드 기하학이라고 하는 것은 이 사람의 이름에서 온 것입니다. 이 사람의 성장에 관해서는 현재 아무것도 알 수가 없습니다. 다만 그가 기원전 300년경, 알렉산드리아에 살고 있었다는 것만은 확실합니다. 이 사람이 쓴 『기하학 원본(幾何學原本)』은 그리스인 논리의 엄밀성을 나타내는 전형입니다. 이 『기하학 원본』이 지금껏 그 가치를 잃지 않는 것은 그 때문입니다.

『기하학 원본』은 모두 13권으로, 1권에는 직선, 삼각형, 평행사변형, 2권에는 면적, 3권에는 원, 4권에는 외접 및 내접다각형 등의 순서로 기술되어 있습니다. 여러분은 이 원본의 목차 일부를 보고서는 여러분이 중학교 등에서 사용한 교과서의 목차와 거의 같다는 것을 알 것입니다.

실제로 기하학에 관한 한, 유클리드 시대로부터 2200~2300년 동안에 걸쳐 이 『원본』에 첨가된 것이라고는 아주 조금밖에 없습니다. 생각하면 기하학이야말로 그리스인에게는 가장 어울리는 학문이었는지 모릅니다.

그 이유는 이렇습니다. 수학의 논리는 물리학의 논리와 달라서 그 결론을 자연에 대해 확인할 필요가 없습니다. 이 점이 양자의 결정적인 차이입니다. 그러므로 그리스 시대와 같이 자연을 관찰하는 수단이 부족했던 시대에, 논리에 뛰어난 그리스인이 기하학 방면에 큰 업적을 남겼다는 것은 아주 적절했다 할 수 있겠습니다.

그러나 그리스인의 수학은 어디까지나 논리를 중요시했기 때문에, 그것이 머릿속에서만 존재했다는 결점이 있었습니다. 이를테면 그리스인은 계산을 하여 실제의 수치를 이끌어내는 따위의 일은 천한 직공이나 할 일이라고 여겼습니다. 자연을 이해하기 위해서는 아무래도 실제의 수치가 필요합니다. 이렇게 생각함으로써 그리스인은 자발적으로 자연의 이해로의 문을 닫아 버린 셈입니다.

9. 아르키메데스

이렇게 논리만 앞세웠던 그리스인들 가운데서 혼자 자연의 관찰과 실험이라는 올바른 입장에 서서 그 연구를 진행시켜 나간 사람이 있습니다.

아르키메데스(Archimedes, B.C. 287~212)입니다. 그는 기원전 287년 시라쿠사에서 태어나, 기원전 212년 시라쿠사에 침공한 로마인의 손에 죽었습니다.

그의 최후에 관해 다음과 같은 이야기가 남아 있습니다. 시라쿠사로 침공한 로마인 병사가 어느 집 문을 박차고 들어간 즉, 한 노인이 모래 위에 원을 그리며 골똘히 기하학 문제를 궁리하고 있었습니다. 그 사람은 아르키메데스였습니다. 병사의 난입을 알아챈 아르키메데스가 조용히 얼굴을 들고 한 말이 유명한 「Noli Turbare Circulas Meo(나의 원을 지우지 말라)」라는 말입니다. 그 말이 떨어지는 순간, 그는 이 로마인 병사의 손에 의해 죽임을 당했습니다.

아르키메데스가 남긴 커다란 업적 두 가지가 있습니다. 하나는 '지렛대의 원리'의 발견이고, 또 하나는 유체역학에서의 이른바 아르키메데스의 원리의 발견입니다.

'지렛대의 원리'는 그에 의해 다음과 같이 표현되어 있습니다.

a. 서로 같은 무게가 같지 않은 거리에서 작용할 때에는 균형을 이루지 못하며, 큰 거리에서 작용하는 쪽의 무게가 내려간다.

b. 같지 않은 무게가 같은 거리에서 작용할 때에는 균형을 이루지 못하며, 무거운 쪽의 무게가 내려간다.

c. 같지 않은 무게가 같지 않은 거리에서 균형을 이룰 때, 무거운 쪽의 무게는 작은 거리에 있다.

d. 같지 않은 무게는 그 거리에 반비례할 때 균형을 이룬다.

그의 두 번째 업적인 유체역학에서의 '아르키메데스의 원리' 또한 그에 의해 다음과 같이 표현됩니다.

a. 용적이 같을 때, 액체와 동일한 무게를 가진 고체를 이 속에 담그면 딱 액체 표면이 드러나지 않는 데까지 가라앉는다.

b. 액체보다 가벼운 모든 고체는 이 액체에 담그면, 가라앉은 부분과 똑같은 용적의 액체의 무게가 고체의 전체 무게와 같아지는 데까지 가라앉는다.

c. 액체보다 가벼운 고체를 억지로 액체 속으로 밀어 넣으면, 물체와 같은 용적의 액체의 무게로부터 물체 자신의 무게를 뺀 만큼의 힘으로 떠오르려고 한다.

d. 액체보다 무거운 고체를 액체에 담그면, 어디까지고 가라앉을 수 있는 만큼 깊이 가라앉는다. 그리고 이 가라앉은 물체는 물(액체)속에서는 이 물체와 같은 용적의 물(액체)의 무게에 해당하는 무게만큼 가벼워져 있다.

이 유체역학에서의 아르키메데스의 원리의 발견에 대해서는 다음과 같은 에피소드가 전해지고 있습니다.

어느 날, 왕으로부터 아르키메데스에게 다음과 같은 명령이 전해졌습니다. 그 무렵, 왕은 직공들에게 금관을 만들게 하고 있었습니다. 왕은 직공들에게 내준 금을 그들이 속이고 있지는 않을까 하고 의심했고, 이 속임수를 밝혀낼 수 있는 방법을 찾아내라는 명령이었습니다.

이것은 여간 어려운 문제가 아니었습니다. 아르키메데스는 밤낮 없이 이 문제에 대해 궁리했으나 좀처럼 좋은 방법이 생각나질 않았습니다. 고민에 시달리면서 어느 날, 그는 목욕탕에 들어갔습니다. 욕조 속에 몸을 담그자 욕조 속으로부터 왈칵 물이 흘러넘쳤습니다. 그 순간, 문제를 해결하는 실마리를 찾아냈습니다. 이 실마리가 아르키메데스의 원리입니다. 기쁨에 넘친 아르키메데스는 「유레카!(Eureka, 나는 발견했다)」하고 외치면서 알몸으로 목욕탕에서 뛰쳐나와 거리를 뛰어갔다고 합니다.

이 이야기에는 발견자의 괴로움과 기쁨이 잘 나타나 있습니다. 이때 아르키메데스가 착상한 방법에 대해서는 여러분도 짐작이 갈 것입니다. 즉 공기 중 왕관의 무게와 물속에서 부력을 받아 가벼워진 왕관의 무게를 달아서 왕관의 비중을 정하는 방법입니다. 금의 비중은 알고 있으므로 이렇게 하여 직공들의 속임수를 발견할 수 있었습니다.

같은 시대의 학자들이 공리공론에 빠져 있을 때, 아르키메데스가 도달한 결론은 위와 같은 것이었습니다. 더구나 그는 이 결론을 실험에 의해 얻었습니다. 실로 아르키메데스의 이 방법은 멀리 1800년을 지나서 갈릴레오(Galileo Galilei, 1564~1642)

로 이어졌습니다.

10. 로마 문명

기원전 100년경, 문명은 차츰 로마로 옮겨갑니다. 그러나 로마인이 물리학에 기여한 바는 아주 적습니다.

로마인의 특징은 실리적이라는 점에 있습니다. 그래서 로마에서는 물리학 자체는 발전하지 않았지만, 여러 가지 기술은 도드라지게 진보했습니다. 대건축물, 수도, 교량, 선박, 병기 등의 건조와 제조가 대규모로 이루어졌습니다. 오늘날에 남아 있는 로마의 수도설비 등을 본다면 그 규모의 크기에 놀랄 것입니다. 그러나 로마문명도 이윽고 안일함에 빠지기 시작했습니다.

한편, 그 활동 기간이 약 3년을 넘지 못했을 것으로 추정되는 예수가 기원전 4년, 십자가에 못 박혀 죽은 후, 그 뜻을 이어받은 12사도의 활약에 의해 그리스도교는 차츰 세력을 얻어 나갔습니다. 급기야 395년, 그리스도교는 로마제국의 국교(國敎)가 되었습니다.

우리가 지금 더듬어 나가고 있는 물리학의 역사와 연관 지어 말하자면 그리스도교는 물리학의 발전을 크게 방해했다고 할 수 있습니다. 150년경에 완성되었다고 말하고 있는 성서에 기술된 일들은 그 모두가 절대적인 진리로서 존중되었습니다. 성서에 기술되어 있는 일에 대해 이론(異論)을 내세운다는 것은 신을 두려워하지 않는 불손한 일로 생각되었던 것입니다.

한편, 아리스토텔레스에 의해 대표되는 예의 이론으로만 겉도는 그리스 철학도 그 세력을 떨치게 되어, 여기에서 1200년경까지는 물리학사에 공백시대가 계속됩니다. 암흑시대에 희미

한 학문의 불씨를 보존하여 근세로 건네준 이들이 아라비아에 나타난 사라센인입니다.

11. 사라센 문명

사라센(Saracen)이란 '사막의 아들'이라는 뜻이라고 합니다. 이 사막의 아들을 결집하여 아라비아를 통일한 것이 유명한 마호메트(Mahomet, 570~632)입니다. 마호메트에 의해 통일된 아라비아에 암흑의 유럽을 제쳐두고 학문의 불이 계승되었던 것입니다. 이보다 앞서 300년경에 그리스인 디오판토스(Diophantos, 246?~330?)에 의해 대수학(代數學)이 시작된 것은 명백한 사실입니다. 이 대수학을 현재의 형태로까지 이끌어 온 것은 아라비아인입니다.

현재 우리가 사용하고 있는 1, 2, 3,……이라는 숫자를 아라비아 숫자라고 부르는데 이것은 아라비아에서 비롯된 것이기 때문입니다. 이것이 십진법의 계산에 얼마나 크게 기여했는지는 헤아릴 수가 없습니다. 오늘날 대수를 가리켜 Algebra라고 하는데, 이것은 아라비아어로 '결합'을 의미하는 말입니다.

사라센인들은 금에 대해 강한 욕망을 지니고 있었습니다. 도대체 금속은 불에도 타지 않고, 물에도 녹지 않고, 또 무게도 묵직하다고 해서 매우 귀중하게 다루어졌습니다. 그 중에서도 금은 제일 무거운데다 금빛으로 반짝이며 또 녹도 슬지 않으면서, 언제까지고 아름다운 빛을 던져주기에 가장 귀히 다루어지고 있었습니다. 사라센인들이 금에 대해서 강한 욕망을 품은 것도 결코 무리가 아니었습니다.

그들은 구리나 철을 변질시켜 금을 만들려고 시도했습니다.

다양한 종류의 산이나 알칼리를 철에 넣어보며 금이 되지 않을까, 금을 만들 수 없을까 하고 연구를 계속했습니다. 사라센인들이 알칼리와 산의 구별을 알고 있었다는 것은 여러 가지 자료에서 확인되고 있습니다.

이와 같이 금을 만들려는 시도를 연금술(錬金術)이라고 합니다. 여러분은 연금술로는 금을 만들 수 없었다는 것을 이미 알고 있을 것입니다. 그러나 연금술에 의해 화학이 진보했다는 사실만큼은 확실합니다. 그것은 마치 점성술로 천문학이 진보한 것과도 같습니다. 사라센인의 꿈은 현재 원자핵의 전환이라는 형태로서 물리학자에 의해 그 일부가 실현되고 있습니다. 원자핵물리학자는 근대의 연금술사라고나 할까요.

또 하나 사라센인이 물리학에 기여한 점은 1000년경, 사라센인인 알하젠(Alhazen, 965?~1038)에 의해 빛의 반사에 관한 연구가 이루어진 것입니다. 사라센의 문화는 하룬 알 라시드(Harun Al-Rashid, 763?-809, 786년 즉위)가 다스리던 시대에 황금시대를 이룩했습니다. 유명한 『아라비안 나이트』가 이 무렵의 이야기입니다. 사라센인은 지금의 스페인에도 그 영지를 갖고 있었습니다. 스페인의 코르도바와 남이탈리아의 살레르노시(市)는 당시 유럽의 지식을 찾는 사람들의 등대였습니다.

무엇보다도 사라센 문화를 유럽으로 도입에 기여한 것은 1096년 시작된 십자군(十字軍) 원정이었습니다. 십자군에 대해서는 서양사에서 다루어지므로 여러분도 잘 알 것입니다. 그리스도의 무덤이 있는 예루살렘이 중앙아시아로부터 남하한 터키인에 의해 점령되고, 여기를 참배하는 서유럽의 그리스도 교도를 박해한 데서 발단됩니다.

이것에 격분한 서유럽의 그리스도 교도들은 붉은 십자 표지를 어깨에 걸치고 성지 회복을 위한 군대를 일으켰습니다. 십자군은 이로부터 200년에 걸쳐 6회 원정을 되풀이했습니다. 결과는 완전한 실패였습니다. 끝내 성지는 회복하지 못했습니다.

그러나 이 원정에 의해 유럽인들은 처음으로 사라센 문명을 접하고 그들로부터 많은 것을 배웠습니다. 아라비아 숫자와 연금술이 유럽에 들어온 것도, 그리스 고전의 아라비아역으로부터의 중역(重譯)이 이루어진 것도 1000년에서 1300년에 이르는 십자군의 원정시대의 이야기입니다.

자, 이제 우리가 더듬어 나가고 있는 물리학의 역사상, 중세의 암흑시대는 사라지고 근세가 시작됩니다.

II. 케플러에서 뉴턴까지

1. 십자군과 르네상스

십자군의 실패로 가장 큰 타격을 받은 것은 로마교황과 교회였습니다. 이보다 앞서 선택을 받아 로마제국의 국교로 된 이후의 그리스도교는 초기의 종교적 감격을 상실하여 완전히 형식적으로 되어 버렸습니다. 많은 교회가 세워지고, 로마 교황이 그 위에 서면서, 성서에 적힌 내용을 절대의 진리라고 주장했습니다. 교회가 이단의 학문을 단속하는 검찰기관처럼 변질되면서, 중세의 암흑시대가 시작되었습니다.

로마교황의 제창으로 일으켜진 십자군이 완전한 실패로 돌아갔으므로, 교황과 교회의 권위가 의심을 받기 시작한 것도 무리는 아니었습니다. 여기에 이르러 암흑의 중세의 한 모서리가 허물어지기 시작했습니다.

게다가 십자군 원정에 의해 동양과의 교통이 트인 이후, 화폐를 무기로 삼아 수도승과 무사(武士)의 특권계급에 대항하는 유력한 시민계급이 발생했습니다. 그들이 의거한 베네치아(베니스), 제노바, 피사, 바르셀로나, 피렌체(플로렌스), 밀라노 등의 상업도시에서 먼저 근세가 출현했습니다.

이 무렵, 각 도시에 대학이 세워지기 시작한 것은 학문의 역사상 간과할 수 없는 사실이라고 생각합니다. 즉 1169년 옥스퍼드대학, 1224년 나폴리대학, 1228년 케임브리지대학, 1245년 로마대학, 1257년 소르본대학이 창립되었습니다. 이중 이 옥스퍼드대학에서 새로운 학문의 길을 제창한 사람이 로저 베이컨입니다.

2. 로저 베이컨

로저 베이컨(Roger Bacon, 1214~1294)은 학문의 도시 옥스퍼드로 모여든 많은 학생을 앞에 두고 「여러분은 지금까지 이해하기 위해서는 믿어라! 하고 배워 왔으나 그것은 단연코 틀렸다. 믿기 위해서는 이해하는 것이 가장 중요하다」고 했습니다.

베이컨의 말이야말로 르네상스의 중심 사상이며, 새로운 학문의 태동을 나타냅니다. 그는 처음에는 파리의 대학을 나와, 당시의 유일한 '학문'이었던 신학을 공부했으나 옥스퍼드대학의 교수가 되고부터는 자연의 연구에 실험이 필요하다는 것을 주장하고, 연금술을 위한 실험실을 만들어 다양한 연구를 했습니다.

베이컨은 오목면 거울의 초점과 구면수차(球面收差) 등의 광학에 관한 연구를 남겼는데, 그보다도 자연과학의 연구에는 실험이 필요하다는 것을 분명히 주장한 것이 베이컨이었다는 점을 강조하고 싶습니다.

그러나 그의 일생은 불행의 연속이었습니다. 우선 옥스퍼드대학으로부터 제멋대로 마법을 연구하는 것은 부당하다는 통고를 받고 파리로 추방되었기 때문입니다. 시간이 지난 후 옥스퍼드로 되돌아왔으나 1278년 이단의 책을 썼다는 이유로 체포되었고, 죽기 1년 전에야 가까스로 사면되었습니다.

1294년경, 이 선각자는 쓸쓸히 이 세상을 떠났습니다.

3. 물리학과 기술

베이컨이 옥에 갇혀 있던 무렵, 이탈리아인 마르코 폴로(Marco Polo, 1254~1324)가 멀리 중앙아시아, 중국, 인도를 여행한 후, 1299년에 그 여행기인 『동방견문록(東方見聞錄)』을 발표했습니다.

이 무렵이 되어서야 인간이 자연을 이용하기 위한 기술도 크게 진보하고 있습니다.

여기서 물리학과 기술의 관련에 대해 약간 언급하고 넘어가기로 합니다.

기술이란, 우리 인간이 자연을 보다 잘 이용하고, 그것에 의해 인간 공통의 행복을 증진시키기 위한 수단입니다. 그런데 자연을 잘 이용하기 위해서는 그것을 이해하는 일이 필요합니다. 자연을 이해하는 것은 물리학의 일입니다. 이리하여 기술과 물리학은 직접적으로 연결되는 것입니다.

물리학이 실제의 이익과는 관계가 먼 듯이 보인다는 이유로 「이런 연구는 뒤로 미루자. 우리에게 필요한 것은 기술이니까」라며, 물리학의 연구를 소홀히 하는 것은 잘못된 판단이라는 것을 여러분도 곧 알게 될 것입니다. 새로운 자연 이해로의 길이 트이면, 그것은 동시에 새로운 기술로의 길이 트이는 것이기 때문입니다.

때마침 로저 베이컨이 자연 이해의 새로운 길을 제시할 무렵, 여러 가지 기술이 더불어 발달한 것은 참으로 뜻있는 일이었습니다.

이 무렵, 이탈리아에서는 실을 잣기 위한 물레(방추차)나 실을 꼬아 합치는 연사기계(燃絲機械), 안경, 항해용 나침반이 만들어지고 있었습니다. 프랑스에서는 색유리와 유리병의 제조가 시작되고 있었습니다. 독일에서는 루돌프라는 사람이 철사를 만드는 기계를 만들었습니다. 베르트홀트 슈바르츠(Berthold Schwartz) 수도승은 화약을 만들었습니다. 1326년 이탈리아 피렌체에서 세계 최초의 대포가, 1381년 독일 아우크스부르크에서 최초의 소총이 만들어졌습니다.

나침반이 자석을 이용한 것이라는 사실을 여러분은 알고 있을 것입니다. 자석이 쇠를 끌어당긴다는 것은 훨씬 옛날부터 알려져 있었지만, 이 무렵 유럽에서는 그것을 가느다랗게 한 자침이 남북을 가리킨다는 것을 알아냈고 그 후 그것을 항해에 사용했습니다.

무엇보다도 학문의 발달에 공헌한 것은 1445년 독일의 요하네스 구텐베르크(Johannes Gutenberg, 1394~1468)에 의해 인쇄술이 발명된 일일 것입니다. 즉, 납으로 활자를 만들어 그것으로 인쇄가 가능해졌습니다. 그때까지의 인쇄는 나뭇조각이나 금속에 새긴 판을 사용했으므로, 몇 번이고 쓸 수 있는 활자를 이용하게 된 것은 엄청난 진보입니다.

그는 마인츠라는 곳에 공장을 만들어 성서 등을 인쇄했습니다. 이후 인쇄술은 급격히 발달하여, 학문의 보급에 굉장한 편의가 주어졌습니다.

이 무렵, 즉 베이컨이 죽은 1200년대 말부터 1400년대 말에 걸쳐 이와 같은 발명이 잇따라 나타났습니다.

이 시대가 낳은 천재, 이탈리아의 레오나르도 다 빈치(Leonardo da Vinci, 1452~1519)가 있습니다.

다 빈치는 화가나 조각가로 알려져 있습니다. 그가 그린 『모나리자의 초상』, 『최후의 만찬』 그림과 『다비드의 상』 조각은 여러분도 한번쯤 보았을 것입니다.

그림을 그리려면 광선의 연구가 필요하다고 하여 빛의 굴절과 어둠상자, 눈의 구조 등을 연구하여 투시도법을 고안하고, 또 인간을 그리기 위해서는 인체의 연구가 필요하다 하여 인체

해부를 하는 등 하는 일마다 불가능이 없는 천재였습니다. 새의 날개를 연구하여 비행기의 시초가 되는 것을 만들었다고도 전해지고 있습니다.

4. 항해열

1200년대 말에 마르코 폴로가 『동방견문록』을 발행했다는 것은 앞에서 소개한 바 있습니다. 그 책에서 일본에 대해 황금의 나라라고 소개한 것은 유럽 사람들의 호기심을 부추겼습니다.

이 황금의 나라로 가자고 하여 원양 항해용 범선에, 그 무렵 새로 발명된 나침반을 갖추어 출발한 콜럼버스(Christopher Columbus, 1141?~1506)가 대서양을 가로질러 황금의 섬이 아닌 아메리카대륙을 발견한 것은 1492년입니다. 1498년 바스코 다 가마(Vasco da Gama, 1469~1524)가 아프리카대륙 남단의 희망봉을 돌아 인도에 이르렀고, 1522년 마젤란(Ferdinand Magellan, 1480~1521, 태평양의 명명자)이 최초의 세계 일주에 성공했습니다.

인류 전체가 희망에 불타며 모험심과 활기로 가득 차던 때가 이 시대(대항해 시대)입니다.

바야흐로 물리학의 역사는 코페르니쿠스의 지동설(地動說)을 시작으로 몇 가지 발견이 잇따라 나타나고, 마침내 1600년대 말의 뉴턴에 이르는 빛나는 시대를 맞이하게 됩니다.

5. 니콜라스 코페르니쿠스

코페르니쿠스(Nicolaus Copernicus, 1473~1543)는 폴란드 트룬에서 태어났습니다. 그가 태어날 무렵에는 그리스인 프톨레마이오스(Claudius Ptolemy, 85?~165?)가 생각한 천문학이 판을 치고 있었습니다.

프톨레마이오스는 천체가 지구 주위를 돈다고 하는 '천동설(天動說)'을 제창한 사람입니다. 실제로 태양이나 달이나 별이 날마다 동쪽 하늘에서 떠올라 서쪽 하늘로 지는 것을 보았으므로, 옛날 사람들이 그렇게 생각한 것도 무리가 아닙니다. 프톨레마이오스는 태양이나 달, 별이 지구를 중심으로 하여 원형궤도를 그린다며 이들의 관측 사실을 설명하려 했지만 좀처럼 잘 설명할 수 없는 부분 때문에 고민하다 세상을 떠났습니다.

중세 암흑시대의 종교인들은 프톨레마이오스의 생각을 성서에 기술되어 있는 지구 중심의 사고방식과 일치한다는 이유만으로 굉장히 칭찬했습니다.

그러나 코페르니쿠스는 교회식 사고방식에 승복하는 사람은 아니었습니다. 젊은 시절, 유일한 학문이었던 신학을 공부하여 신부가 되었지만 천문학과 수학에도 깊은 흥미를 갖고 있었다고 합니다.

코페르니쿠스는 그리스 학자의 책을 열심히 연구했습니다. 그 가운데서 아리스타르코스(Aristarchus, B.C. 310~230년경)가 태양을 중심으로 지구가 돈다고 한 것에 깊은 흥미를 느끼고, 그것을 바탕으로 하여 프톨레마이오스의 천동설로는 설명할 수 없는 여러 가지를 설명할 수 있을까 생각했습니다. 그리고 그 결과를 실제로 관측된 결과와 비교했습니다. 그 결과는 완벽하게 일치했습니다.

그러나 코페르니쿠스는 신중했습니다. 그는 자기 가설이 옳다는 것은 알고 있었으나, 이것이 판단력도 없는 세상에 드러나서 과학적인 논쟁 이외의 논쟁에 이용되는 것을 꺼렸습니다.

그러나 독일의 뷔르템베르크 교수 게오르크 요아힘(George Joachim)이라는 사람의 권고로 그 학설을 쓴 저서를 출판하게 됩니다. 그는 이 저서로 달력을 바로 잡는 데에 도움이 되고자 로마교황에게 바쳤습니다. 그리고 이 책의 머리말에서 이 설은 하나의 가설에 지나지 않지만, 그 계산의 결과는 관측과 일치한다고 밝히고 있습니다. 그가 얼마나 신중했는지 눈에 선합니다.

코페르니쿠스가 지구까지 포함하여 온갖 별이 태양 주위를 돈다고 주장한 점은 옳았지만, 그들 별의 궤도는 원이라고 말하고 있습니다. 나중에 케플러(Johannes Keplar, 1571~1630)에 의해 밝혀졌듯이, 궤도는 태양을 한쪽 초점으로 하는 타원이므로 이 부분은 틀립니다.

그러나 코페르니쿠스로서는 프톨레마이오스의 설보다 사실에 보다 잘 들어맞는 설을 세우는 것이 목적이었으므로, 이런 사소한 점은 문제 삼지 않았는지도 모릅니다. 게다가 우선 관측 자체가 불충분했습니다.

코페르니쿠스가 죽은 지 3년 후, 티코 브라헤라는 훌륭한 관측자가 태어났습니다.

6. 티코 브라헤

티코 브라헤(Tycho Brahe, 1546~1601)는 덴마크 크누스토프의 귀족집 쌍둥이로 태어나 자식이 없는 숙부에게로 보내졌습니다. 숙부는 학문에 매우 열성적인 사람이어서 여덟 살 때부터 가정교사를 붙이는 등 그의 교육에 열성을 다했습니다.

법률을 공부할 목적으로 코펜하겐 대학에 들어갔는데, 때마침 1560년 8월 21일에 일식이 일어났습니다. 브라헤는 큰 흥미를 느끼고, 법률은 덮어둔 채 천문학과 수학을 공부하기 시작했습니다.

코펜하겐에서 3년간의 공부를 마친 후 독일의 라이프치히대학으로 유학을 갔습니다. 거기서도 천문학을 공부하고 1570년 친아버지에게로 돌아갔습니다.

그런데 1573년 카시오페이아자리에 신성이 하나 반짝이기 시작했습니다. 신성(新星)이라는 것은 지금까지 전혀 보이지 않았던 별이 갑자기 강하게 반짝이기 시작하여, 대개는 1년이나 2년 사이에 다시 사라져 버리는 것을 말합니다. 이때의 신성은 제일 밝을 때는 금성의 밝기 정도였다고 하니 굉장히 밝은 것입니다. 그는 이 별을 보고, 인간은 앞으로 천체에 대해 많은 것을 알지 않으면 안 된다고 생각하고 더욱 천체 관측에 매진했습니다.

1575년, 티코 브라헤는 덴마크를 떠나 각 지역을 여행했습니다. 여행에서 그 지역의 천문학자를 만나거나 여러 가지 관측기계를 살펴보며 다녔습니다. 그동안 스위스 바젤이라는 곳이 마음에 들어 그곳에 영주하기로 결심합니다.

여행 중에 알게 된 헤센(Hessen) 후작으로부터 덴마크 국왕에게, 티코 브라헤는 아주 훌륭한 학자이므로 그의 천문학 연구를 도와준다면 덴마크뿐 아니라 학문 전체를 위해서도 도움이 될 것이라는 내용의 편지가 발송되었습니다. 이 소망이 받아들여진 것이 학문 전체를 위해 얼마나 큰 도움이 되었는지는 헤아릴 수 없을 정도입니다.

티코 브라헤는 국왕 프리드리히 2세(Friedrich Wilhelm Ⅱ,

1744~1797)로부터 프벤이라는 섬을 제공받아, 훌륭한 관측소를 세워 1576년 12월부터 관측을 시작했습니다. 이 관측소에는 작은 관측실이 여러 개 있어 제자들은 각각의 방에서 일을 했습니다. 또 거기에 갖추어진 많은 관측기계는 당시의 일류 기술가들이 만든 것으로, 브라헤는 좋은 환경 아래서 연구를 수행할 수 있었습니다.

그리고 그 관측결과의 정밀함은, 후에 망원경이 생기고 나서 한 관측과 비교해도 조금도 손색이 없을 정도의 훌륭했습니다.

그러나 어찌된 셈이지, 위대한 관측자 브라헤는 코페르니쿠스의 지동설에는 찬성하지 않았습니다. 후에 자기의 제자가 된 케플러가 지동설을 바탕으로 책을 썼을 때도, 지동설보다는 일종의 천동설이라고나 할 자신의 설을 권했다고 합니다.

또 귀족들 중에서 무익한 일에 국고로부터 돈을 대준다는 것은 멍청한 짓이라며 반대를 하는 사람도 있어, 그는 국왕 전속 점성술사의 직함을 맡아 반대론에 맞섰습니다.

과학자로서는 꽤나 낡은 유형의 사람이었으나, 그 관측의 정밀함에 대해서는 조금도 흠잡을 것 없이 훌륭했습니다.

그러나 훌륭한 연구 환경도 보호자인 프리드리히 2세가 세상을 떠나고부터는 지속되지 못했습니다. 그때까지 브라헤는 자기 일에만 열중하고 있었기에, 반대세력의 눈에는 어지간히 거만하게 보였을 것입니다. 결국 국고로부터의 보조도 차츰 끊기게 되었습니다.

이런 까닭으로 브라헤는 1597년에 21년 동안을 살았던 덴마크를 떠나게 되었습니다. 얼마 후인 1599년에는 프라하의 루돌프 2세(Rudolf Ⅱ, 1552~1612)의 초빙으로 그 곳의 왕실 천문학자가 되었으나, 1601년에 세상을 떠났습니다.

그가 세상을 떠나기 1년 전에 케플러가 그의 조수로서 프라하에 온 것은 운명적인 인연인 듯합니다.

어쨌든 한 시대의 천문학자 티코 브라헤는 이렇게 세상을 떠나 버렸지만, 그의 정밀한 관측결과로부터 케플러가 이른바 '케플러의 법칙'을 이끌어내어, 자연계에 아름다운 법칙이 존재한다는 것이 처음으로 밝혀지게 됩니다.

7. 요아네스 케플러

물리학에서 큰일을 한 사람들 중에는 티코 브라헤와 같이 행복한 환경에서 연구를 계속한 사람도 있으나, 그렇지 못한 사람도 많았습니다. 요하네스 케플러가 그런 사람의 하나일 것입니다.

케플러는 1570년 남독일의 베르템베르히 공국(公國)의 베일이라는 곳에서 태어났습니다. 그의 아버지는 하사관이었으나, 돈이 궁해 얼마 후 장사를 시작했습니다.

케플러는 선천적으로 병약해서 일생을 거의 앓았습니다. 16세 때에 베르템베르히 공(公)의 보호 아래 말브론의 신학교에 들어가 신학을 공부했는데, 우연히 코페르니쿠스의 지동설을 알고 흥미를 느껴, 자기는 신부가 될 자격이 없다고 생각했다고 합니다.

1591년 학교를 졸업했으나 당장 일자리를 찾아야 했습니다. 때마침 그라츠라는 곳에서 천문학 선생을 찾고 있어 거기로 갔습니다. 틈틈이 코페르니쿠스의 지동설의 해설서 『우주의 신비』라는 책을 썼습니다. 그리고 그 연구의 결과를 당시의 학자들에게 편지로 써서 알리고, 갈릴레이로부터 크게 칭찬을 받기도 했습니다.

이때 케플러는 티코 브라헤로부터 천동설을 좇아 생각하면 어떻겠는가, 필요하다면 자기가 관측한 재료를 제공하겠다는 말을 듣고 매우 감격했습니다. 브라헤는 그 무렵에는 이미 덴마크를 떠나, 프라하의 루돌프 2세의 보호를 받고 있었지만 그 후에도 자주 케플러에게 프라하로 오라고 권했습니다. 케플러도 마침내 1600년에 프라하로 갔습니다. 이 일은 물리학으로서는 매우 행복한 일이었습니다.

브라헤는 관측은 뛰어났지만 수학 능력이 부족했습니다. 케플러는 브라헤에게는 없는 이 수학의 힘을 갖추고 있었습니다. 만약 이때 케플러가 프라하로 가지 않았더라면, 브라헤의 관측 결과도 끝내 빛을 보지 못하고 끝났을지 모릅니다. 참으로 운명적인 만남이었습니다.

티코 브라헤가 하나의 행성 관측을 조사해 보니, 가장 불규칙한 운동을 하고 있는 것은 화성이었습니다. 그때까지 브라헤를 도와 관측을 정리하던 제자는 론코몬타누스라는 사람이었는데, 그는 케플러가 오자 곧 그 자료를 인계하고 고국 덴마크로 돌아갔습니다.

얼마 후 브라헤도 세상을 떠나고 케플러는 왕실 수학자로 임명되어, 브라헤가 남긴 재료의 정리는 모조리 케플러에게 넘겨졌습니다. 그리고 이때부터 20년에 걸치는 케플러의 연구가 시작되는 것입니다.

케플러의 업적이 화성의 운동의 연구에서부터 시작되었다는 것은 이미 앞에서 말했습니다. 그는 처음에는 코페르니쿠스처럼 궤도를 원이라 하여 계산했으나, 그것은 도무지 관측과 일치하지 않았습니다. 원을 달걀꼴로 해보았지만 그것도 헛수고였습니다. 마지막에 궤도를 타원으로 하여 계산하자 완벽히 일치했습니다.

실제로 이렇게 해서 그 당시의 화성의 위치를 계산해 본즉, 각도로 5도 정도의 차이가 있었을 뿐이었습니다.

이렇게 하여 케플러의 제1법칙이 확립되기까지 6년의 세월이 흘렀습니다. 대체로 그 무렵은 아직 대수표(對數表)조차 없어서 계산은 모두 일일이 처음부터 해야 했기 때문에 무척 고생이었을 것입니다. 게다가 궤도가 처음부터 타원이라는 것을 알지 못했기 때문에, 그것을 찾고 또 찾았으니 굉장한 일이었습니다.

이 기회에 대수표에 대해서도 약간 언급해 두겠습니다. 이것은 1614년 영국의 네이피어(John of Merchiston Napier, 1550~1617)라는 사람이 발명했습니다. 이것으로 곱셈, 나눗셈을 모조리 덧셈으로 할 수 있게 되어 많은 시간을 절약할 수 있게 되었습니다.

1620년 스위스의 뷔르기(Jobst Burgi, 1552~1632)라는 사람의 대수표가 프라하에서 출판되었는데, 수의 계산에 시달려 온 케플러는 깜짝 놀랐습니다. 케플러의 세 법칙은 1618년 발표되었기에 그에게는 직접적인 도움은 되지 못했으나, 케플러는 영국의 네이피어에게 진심어린 축하편지를 보냈다고 합니다. 하기는 네이피어는 1617년 이미 세상을 떠났기 때문에 이 축하편지는 소용없게 돼 버렸지만, 어쨌든 궤도는 이렇게 하여 발견되었습니다.

행성(여기서는 일단 그것을 화성이라 하고서)은 궤도 위를 어떻게 움직이는가를 나타내고 있는 것이 케플러의 제2법칙입니다.

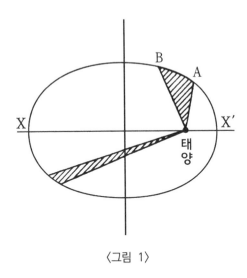

〈그림 1〉

그것은 다음과 같은 법칙입니다.

어느 순간에 행성은 궤도 위의 어느 한 점을 차지하게 되는데, 그 점을 타원의 초점에 있는 태양에 연결합니다. 그리고 잠시 후의 행성의 위치를 가리키는 점을 마찬가지로 태양에 연결합니다. 〈그림 1〉에 보듯이, 이들 두 직선과 행성이 운행한 궤도의 일부에 의해, 그림에 빗금을 그은 면적이 만들어지게 되는 셈인데, 행성은 같은 시간 동안에는 이와 같이 면적이 같아지는 만큼 궤도 위를 운행해 간다는 것입니다.

그러므로 그림의 X′처럼 태양에 가까운 궤도 위의 점 부근에서는 행성은 빠르게 궤도 위를 진행하게 되고, 그림의 X와 같은 태양에서 먼 궤도 위의 점 부근에서는 행성은 천천히 궤도 위를 진행합니다. 그 까닭은 여러분도 잘 알 것입니다.

그림에 빗줄을 친 면적에 같은 면적을 X′과 X부근에서 잡아봅시다. 그러면 X′부근에서는 그림의 $\overset{\frown}{AB}$ 에 해당하는 길이가

길어지고, X부근에서는 짧아질 것입니다. 그러나 그만한 길이
를 행성은 같은 시간에 진행한 것이기 때문에, 행성은 X′부근
에서는 빠르게, X부근에서는 천천히 궤도 위를 진행한 것이 되
는 셈입니다.

케플러는 이 두 가지 법칙을 통합하여 1609년 발표하고 있
습니다. 케플러가 연구를 시작한 것은 1602년이므로 여기까지
에는 이미 7년을 경과하고 있는 셈입니다. 그러므로 행성의 운
동에 관한 법칙을 발견했을 때 얼마나 기뻤겠습니까? 그러나
케플러는 쉽게 그 기쁨에 빠지지는 않았습니다.

케플러는 이상의 법칙을 화성에 대해서 발견한 것이나, 그
후로도 다른 여러 가지 별에 대해 계산해 보았습니다. 그리고
다시 9년의 세월이 지나 케플러는 또 하나의 법칙을 발견했습
니다.

그것은 이런 법칙입니다. 「두 개의 행성이 태양을 일주하는
데에 소요되는 시간의 비율의 제곱은, 태양으로부터 각각의 별
까지의 평균거리의 비율의 세제곱에 비례한다」

수식으로 적어 보면, 두 개의 별을 A, B로 하고 태양 주위를
일주하는 데에 소요되는 시간을 T, 태양으로부터 평균거리를
D로 하고 A, B의 별에 대해서는 곁에다 A, B로 작게 써서 구
별하기로 하면, 이 법칙은

$$(\frac{T_A}{T_B})^2 \propto (\frac{D_A}{D_B})^3$$

이라는 형태로 나타납니다. 그러므로 D_A가 큰 별은 T_A도 큰
셈이므로, 즉 먼 별은 태양을 일주하는 데에 훨씬 더 긴 시간
이 필요하다는 것입니다.

케플러가 이 법칙을 발표한 것은 1618년이므로 결국 16년 동안을 이 연구에 매달려 있었다는 것이 됩니다. 놀라운 끈기라 하지 않을 수 없습니다.

여기서 케플러가 발견한 세 가지 법칙을 요약해 봅시다.

제1법칙: 행성은 태양을 초점으로 하는 하나의 타원궤도를 그린다.

제2법칙: 행성과 태양을 연결하는 직선은 같은 시간에 같은 면적을 그린다.

제3법칙: 두 개의 별이 태양을 일주하는 데에 소요되는 시간 의 비율의 제곱은, 태양으로부터 각각의 별까지의 평균 거리의 비율의 세제곱에 비례한다.

케플러가 이들 법칙을 발견함으로써 비로소 자연계에 이와 같은 아름다운 질서와 법칙이 지배하고 있다는 것이 밝혀졌습니다. 케플러가 나오기 전까지는 자연계에 뭔가 법칙이 존재하리라고 예측은 되고 있었지만, 케플러가 발견한 것과 같은 이렇게 아름다운 법칙이 있으리라고는 사람들은 미처 알 수 없었습니다.

이제 케플러에 의해 자연계에 이렇게 아름다운 법칙이 지배하고 있다는 것이 밝혀졌습니다. 그리고 사람들은 자연계의 또 다른 아름다운 법칙을 찾아내기 위해 분발했습니다. 이런 의미에서 케플러의 업적은 정녕 헤아릴 수 없을 정도로 큰 것입니다.

그리고 케플러가 취한 작업의 진행방법은 이후의 과학자에게 모범이 된 것으로, '귀납적 방법'이라 일컬어지고 있습니다. 그것은 이런 의미입니다.

케플러가 처음에 연구한 것은 행성의 하나인 화성의 운동이었습니다. 그리고 케플러의 제1, 제2법칙에 해당하는 사항을 화성에 대해 확인한 것이므로, 그것이 일반 행성에 대해서도 성립되는 것인지 아닌지는 모르는 셈입니다.

그러나 케플러는 이것이 아마 다른 행성에 대해서도 성립될 것이라고 추론했습니다. 그리고 그것을 차례차례로 다른 별에 대해서도 확인했습니다. 그리고 최후에 케플러의 제1, 제2, 제3법칙을 결론지었던 것입니다.

이와 같이 개개의 것으로부터 차츰차츰 일반적인 것으로 진행시켜 나가는 방법을 '귀납적 방법'이라고 합니다. 이와는 반대로 유클리드 기하학처럼 최초에 정의(定義)와 공리(公理)를 세워두고, 그로부터 여러 가지 정리(定理)를 이끌어내는 방법을 '연역적 방법'이라고 합니다.

연역적인 방법은 수학처럼 그 재료를 자연의 관찰이나 실험으로부터 취하지 않아도 되는 학문에서 흔히 사용되는 방법입니다. 그러나 물리학에서는 귀납적인 방법 이외로는 연구를 진행시킬 방법은 없다고 해도 될 것입니다.

그리고 이것도 또 중요한 점이라고 생각하는데, 그것은 케플러의 이와 같은 이론적인 연구에는 티코 브라헤의 정밀한 관측이 앞서 있었다는 점입니다.

물리학의 이론에는 항상 그에 앞서는 자연의 관찰이나 실험이 있습니다. 그리고 그것은 틀림이 없는 것이어야 합니다. 그런 의미에서 케플러는 운이 좋았습니다. 티코 브라헤가 죽기 1년 전에 그의 조수가 된 것 등에 우리는 뭔가 초인간적인 느낌마저 듭니다.

이리하여, 자연의 아름다운 법칙이 먼저 하늘에서 발견되었습니다.

그런데 같은 무렵에 이 지구 위에서도 그와 같은 아름다운 법칙이 있다는 것을 찾아낸 사람이 있습니다. 갈릴레오 갈릴레이입니다.

8. 갈릴레오 갈릴레이

⑴ **낙하의 법칙**　갈릴레오 갈릴레이는 1564년 이탈리아의 피사에서 태어났습니다. 피사의 사탑이라 하여 약간 기울어진 탑이 그려진 그림을 아마 여러분도 어디선가 보았을 것입니다. 그 사탑이 있는 동네에서 태어났습니다.

그의 일가는 피렌체로 옮겨가 살았지만, 갈릴레이만 17세 때에 다시 피사로 가서 그 곳 대학에 입학했습니다. 의학을 공부할 목적이었으나 거기서 철학과 고전도 배웠습니다. 예의 아리스토텔레스의 철학 강의도 받았습니다.

이 무렵 갈릴레오는 코페르니쿠스의 지동설이 아리스토텔레스의 사고방식과 근본적으로 틀리다는 것을 깨닫고 깊은 흥미를 느꼈다고 합니다. 이윽고 그는 아리스토텔레스의 철학에 싫증을 느끼기 시작했고, 사사건건 친구들에게 반대를 하다가 '싸움꾼'이라는 별명이 붙여졌습니다.

어느 날 갈릴레오가 피사의 사원에서 예배를 드리고 있을 때, 그는 천장에 매달린 램프가 흔들거리고 있는 것을 보았습니다. 무엇이든 그냥 넘기지 않는 갈릴레오의 관찰력은 이 현상도 놓치지 않았습니다.

그는 당시 의학을 공부하고 있었으므로 곧 맥박으로 이 램프의 왕복시간을 관측했습니다. 램프의 진동은 차츰차츰 작아져서 끝내 멎어 버립니다. 갈릴레오는 진동이 작아지더라도 한 왕복에 소요되는 시간에는 거의 변함이 없다는 것을 알아냈습니다. '흔들이의 등시성(等時性)'이라고 불리는 것인데, 갈릴레오가 최초로 발견한 것입니다.

이후 갈릴레오가 갈 길이 뚜렷해졌습니다. 갈릴레오가 의학보다 물리학이나 수학에 흥미를 가진 것을 알고, 처음에는 반대했던 아버지도 마침내 그를 허락해 주었습니다. 이리하여 갈릴레오는 22세 때 아버지가 계시는 피렌체로 돌아와 수학공부를 시작했습니다.

그는 그리스 시대의 여러 가지 수학을 공부했는데, 그 중에서도 아르키메데스의 연구에 흥미를 느꼈습니다. 그는 아마 아르키메데스의 왕성한 실험적 정신에 매료되었을 것입니다. 아르키메데스의 『지레의 원리』, 『떠 있는 물체에 대하여』 등을 읽고 자기도 그 실험들을 되풀이해 보았습니다.

갈릴레오는 차츰 성장해 갔습니다. 1589년, 그가 26세 때 피사의 고등학교에 수학선생의 자리가 비어, 갈릴레오는 거기서 수학을 가르치게 되었습니다. 여기서 3년쯤 머무르다 1592년 파도바대학으로 옮겼는데, 이 무렵부터 '낙체(落體)에 관한 연구'를 시작하고 있습니다.

물체가 떨어진다는 것에 관해서 아리스토텔레스는 다음과 같이 생각했다고 합니다.

무거운 것이 아래로 떨어지고, 가벼운 것이 위로 떠오르는 것은 그들이 지니는 본성이다. 무게가 다른 것을 동시에 떨어뜨렸을 때, 무거운 것은 아래로 떨어지는 본성을 보다 많이 지니고 있기 때문에 빠르게 떨어지고, 가벼운 것은 아래로 떨어지는 본성을 더 적게 지니고 있기 때문에 느리게 떨어진다고 생각했던 것입니다.

이 논리를 보면, 이것은 물체의 '본성'이라는 말장난에 지나지 않습니다. 갈릴레오는 이런 속임수에는 넘어가지 않았습니다.

그는 먼저 「물체는 왜 떨어지는가」 하는 문제는 결국 아리스 토텔레스식이 된다는 것을 깨닫고, 「물체는 어떤 식으로 떨어지는가」 하는 새로운 문제를 내놓았습니다. 그리고 물체가 떨어지는 방법을 세밀히 관찰하기로 했습니다.

실제로 공기 속에서 물체를 떨어뜨리면 깃털이나 솜과 같은 가벼운 것은 훨훨 느리게 떨어지고, 쇠공 따위는 훨씬 빠르게 떨어집니다. 이것은 누구나 경험하고 있는 일로서 아리스토텔레스의 논리도 이 경험에 관해서만은 옳았던 것입니다.

그러나 갈릴레오는 생각했습니다. 「이것은 공기가 있어서, 그것이 가벼운 것이 떨어지는 것을 방해하고 있기 때문이 아닐까? 그 증거로는 이런 것들을 물속에서 떨어뜨리면 훨씬 더 느리게 떨어진다는 사실이 있다. 그러므로 공기를 모조리 없애버린 진공 속에서 물체를 떨어뜨리면 깃털도 쇠공도 같은 속도로 떨어질 것이 틀림없다」 갈릴레오는 이렇게 생각했던 것입니다.

'토리첼리의 진공'에 대해서는 앞에서도 살짝 언급했지만, 이 발견이 1643년이므로 1600년대 초 무렵에는 진공에 대해서는 아무것도 알려져 있지 않았다는 것을 알 수 있을 것입니다. 그러나 진공이 만들어지지 않는다고 하여 갈릴레오는 실망하지 않았습니다.

「공기 중에서는 쇠공 쪽이 깃털보다 빠르게 떨어진다. 이것은 쇠공에 작용하는 공기의 저항력이 같은 쇠공에 작용하여,

이것을 떨어뜨리는 힘(이 힘이 지구의 인력이라는 것은, 후에 뉴턴에 이르러 확실히 제시되지만)에 비교하여 훨씬 작기 때문이 아닐까? 말하자면 쇠공은 공기가 없을 때와 거의 같은 낙하방법을 취하고 있고, 깃털 등은 공기가 없을 때와는 크게 다른 운동을 하고 있을 것이 틀림없다」고 갈릴레오는 생각했습니다.

즉, 공기의 저항 없이 지구의 인력만으로 떨어지는 물체의 운동을 연구하는 데는, 진공이 없어도 무거운 금속 공 등으로 실험할 수 있는 것입니다. 실제로 갈릴레오는 무거운 금속 공을 사용했습니다. 매끈한 것이 공기의 저항을 줄이는 데에 도움이 된다는 사실은 여러분도 잘 알고 있을 것입니다.

지금까지의 일을 정리해 봅시다.

갈릴레오는 공기의 저항이 없이 지구의 인력만으로 떨어지는 물체의 운동을 연구하고자 했습니다. 매끈하고 무거운 금속공 등에서는, 이것에 작용하는 공기의 저항력이 지구의 인력에 비교하여 작기 때문에 이것을 사용하면 지구의 인력만으로써 떨어지는 물체의 운동을 연구할 수 있다는 것을 발견한 것입니다.

갈릴레오는 어떻게 했을까요? 그는 〈그림 2〉와 같이 빗면 AB를 만들어 이것에 홈을 파고, 그 홈 속에서 공을 구르게 했습니다. 그 홈을 매끈하게 만들고 홈을 따라가며 〈그림 2〉와 같이 동일한 간격으로 표시를 해 놓았습니다. 그리고 공을 굴렸습니다.

다음과 같은 일이 확인되었습니다.

즉, 공이 홈 윗끝으로부터 1, 4, 9, 16……이라는 표시가 있는 곳을 통과하기까지에 소요하는 시간은 1, 2, 3, 4……이다.

48

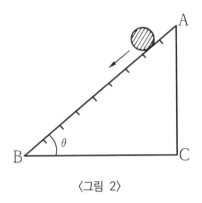

〈그림 2〉

또는 말을 바꿔 시간이 1, 2, 3, 4……로 경과하면, 그때까지 구르는 거리는 1, 4, 9, 16……과 같이 시간의 제곱에 비례하여 증가해 간다.

수식으로 표현하면 시간 t까지에 떨어지는 거리를 S로 하여,

$$S = Kt^2 \quad \cdots\cdots\cdots\cdots\cdots \quad (1)$$

이라는 관계를 발견한 것입니다. 여기서 K는 비례상수로서 그 것이 빗면의 기울기에만 관계하고, 공의 무게나 빗면의 높이에 의거하지 않는다는 것은 후에 제시됩니다.

그 무렵에는 시계 따위가 없었기 때문에 갈릴레오는 물시계를 사용했습니다. 큰 단면을 가진 수조에 물을 가득히 채우고 그 바닥에 작은 구멍을 뚫었습니다. 그리고 빗면 위에서 공이 구르기 시작하는 동시에 이 구멍을 열어 물을 천칭접시에 받았습니다. 공이 어느 점까지 왔을 때에 손가락으로 구멍을 막고, 천칭접시에 가득히 찬 물을 천칭으로 재어 시간을 측정했던 것입니다.

무언가를 맨 처음으로 시작하는 사람은 남모를 고생을 하는

법입니다. 이런 일도 그런 예의 하나가 될 것입니다.

여기서 갈릴레오가 얻은 결과에 대해 다시 생각해 봅시다.

갈릴레오는 1, 2, 3, 4……로 시간이 경과하면, 그때까지 구른 거리가 1, 4, 9, 16……으로 증가해 가는 것을 발견했는데, 이것으로부터 다음의 일을 할 수 있습니다. 공은 최초의 시간의 한 구분까지에(구르기 시작하고부터 1이라고 하는 시간까지) 1의 거리를 굴러가고, 다음 시간의 한 구분(시간 1에서부터 2까지 사이에)에서는 4-1=3의 거리만큼, 다음 시간의 한 구분에서는 9-4=5와 거리만큼, 또 다음의 한 구분에서는 16-9=7만큼 굴러 갔습니다. 즉 시간의 한 구분마다 굴러간 거리는 1, 3, 5, 7…… 로 증대해 간 것입니다. 시간의 간격은 같게 잡고 있으므로 이것은 분명히 차츰 속도가 붙었다는 것, 즉 '속도'가 증대해 갔다는 것을 의미하고 있습니다.

실제로 미분학(微分學)을 알고 있는 사람이라면 ⑴의 관계를 시간 t로 미분하여, 시간 t인 순간의 속도를 끌어낼 수 있습니다. 그것을 V라는 부호로 나타내면,

$$V = \frac{dS}{dt} = 2Kt \quad \cdots\cdots\cdots\cdots\cdots \text{⑵}$$

로 됩니다. 즉, 속도가 시간에 비례해서 증대해 가는 것을 알 수 있습니다. 앞의 1, 3, 5, 7……이라는 것은, 사실은 바로 (0-1)(2-3)(3-4)……라고 하는 시간의 중심에 해당하는 0.5, 1.5, 2.5, 3.5……라는 순간의 속도였던 것입니다. 즉 시간 0.5, 1.5, 2.5, 3.5……인 순간의 속도는 1, 3, 5, 7……이었다는 것으로서, 이것으로 ⑵의 관계 즉 「속도는 시간에 비례하여 증대해 간다」는 것을 알았을 것입니다.

이렇게 하여 어느 순간에서의 속도, 즉 그 순간에 굴러간 거리의 증대방법에 대해 알게 되었으니, 마찬가지로 어느 시간에서의 '가속도', 즉 그 순간에 있어서의 속도의 증가방법에 대한 공식 또한 정리할 수 있습니다. (2)의 관계를 t로 미분하여 가속도를 a로 쓰면,

$$a = 2K \quad \cdots\cdots\cdots\cdots\cdots \quad (3)$$

가 됩니다. 즉 가속도는 시간에 관계없이 일정하다는 사실을 이끌어낼 수 있을 것이며, 미분학을 모르는 사람이라도 1, 3, 5, 7……이라는 속도의 차례의 차 3-1, 5-3, 7-5……가 모두 2가 되는 것으로부터 간단히 이해할 수 있을 것입니다.

그때까지 사람들은 속도라고 하는 사고방식에는 익숙해 있었지만, 갈릴레오는 여기에다 '가속도'라고 하는 새로운 사고방식을 들고 나와 「빗면운동에서는 그 가속도가 일정하다」는 것을 실험적으로 증명했던 것입니다.

그런데 갈릴레오의 최초의 목적은 물체가 빗면 위를 굴러가는 경우의 연구가 아니라, 자유로이 떨어져 내리는 경우의 연구였을 것이므로 이래서는 곤란하다고 생각할지 모릅니다. 그러나 다음과 같이 생각하여 빗면 위의 운동을 연구하면, 자유낙하의 경우의 운동은 저절로 알게 되리라고 생각합니다.

먼저 빗면에 판 홈은 매끈하게 연마되어 있으므로, 여기에서의 저항은 없다고 볼 수 있습니다. 다시 한 번 〈그림 2〉를 봅시다. 그리고 빗면의 기울기의 각도를 차츰 증대시켜 갑시다.

〈그림 3〉은 꽤 증대시킨 경우인데, 기울기를 자꾸 증대하여 산를 90°로 했을 경우를 생각해봅시다. 그러면 AB라는 공이

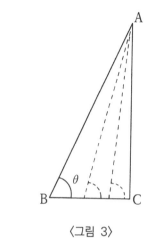

〈그림 3〉

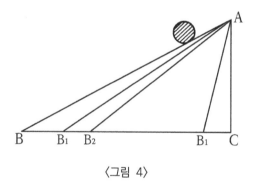

〈그림 4〉

운동하는 빗면은 똑바로 일어서 버립니다. 그리고 이 빗면은 반들반들 연마해 있어서 저항이 없기 때문에, 우리는 저항 없이 자유로이 낙하하는 물체의 운동을 연구할 수 있습니다.

　그런 목적으로 갈릴레오는 빗면의 높이 AC가 같고, 기울기의 각도 θ가 여러 가지로 다른 빗면에 대해 실험하여 다음과 같은 관계를 얻었던 것입니다.

〈그림 4〉를 봅시다. AC, AB₁, AB₂, AB₃……의 길이를 각각 S_0, S_1, S_2, S_3……로 하여, 거기까지 공이 굴러가는 데 소요된 시간을 t_0, t_1, t_2, t_3……로 합니다. 갈릴레오가 얻은 결과는

$$\frac{S_0}{t_0} = \frac{S_1}{t_1} = \frac{S_2}{t_2} = \frac{S_3}{t_3} = \frac{S_4}{t_4} = \text{빗면의 기울기나 공의 무게에}$$

의하지 않는 상수 .... (4)

라고 하는 관계였습니다. 식 (1)과 (2)로부터,

$$\frac{S_0}{t_0} = V_0, \ \frac{S_1}{t_1} = V_1, \ \frac{S_2}{t_2} = V_2$$

라는 관계가 얻어지므로, (4)의 관계는 또

$$V_0 = V_1 = V_2 = V_3 = V_4= \ \cdots\cdots\cdots\cdots \ (5)$$

라는 형태로 나타낼 수 있습니다. 말로 하면, 이것은 높이가 같고, 기울기의 각 θ가 다른 빗면 위를 굴러가는 공이 그 최하단 C, B₁, B₂……에 이르렀을 때에 얻어지는 속도는, 공의 무게나 빗면의 기울기에 의하지 않는 일정한 속도라고 하는 것입니다.

이번엔 높이가 여러 가지로 다른 빗면에 대해 실험하여, 마침내 갈릴레오는 다음과 같은 최후의 결론에 도달했습니다.

「빗면 위를 굴러가는 공이 그 최하단에 다다랐을 때에 얻는 속도는 빗면의 높이의 제곱근에 비례하고, 빗면의 기울기나 공의 무게에 의하지 않는다」

이것을 식으로 쓰면,

$$V = A\sqrt{h} \ \cdots\cdots\cdots\cdots \ (6)$$

여기서 A는 빗면의 기울기, 공의 무게에 의하지 않는 비례상
수입니다. 그런데 앞에서 빗면운동에서는

$$S = Kt^2 \quad \cdots\cdots\cdots\cdots \text{(1)}$$

$$V = 2Kt \quad \cdots\cdots\cdots\cdots \text{(2)}$$

$$\alpha = 2K \quad \cdots\cdots\cdots\cdots \text{(3)}$$

라는 관계가 있다는 것을 말했는데, 이것을 빗면운동의 특별한
경우인 자유낙하의 경우에 사용하여,

$$h = K't^2 \quad \cdots\cdots\cdots\cdots \text{(1)}'$$

$$V = 2K't \quad \cdots\cdots\cdots\cdots \text{(2)}'$$

$$g = 2K' \quad \cdots\cdots\cdots\cdots \text{(3)}'$$

라는 관계가 얻어집니다. 여기서 수직방향으로 자유로이 떨어
지는 경우의 가속도를 g로 써 두었습니다. (1)′ (2)′ (3)′으로부터

$$V = \sqrt{2gh} \quad \cdots\cdots\cdots\cdots \text{(7)}$$

라는 관계가 얻어집니다. (7)과 (6)을 비교하여

$$g = \frac{1}{2}A^2 \quad \cdots\cdots\cdots\cdots \text{(8)}$$

이라는 관계가 얻어지는데, A는 빗면의 높이(자유낙하의 거리)나
물체의 무게에 의하지 않는 상수였으므로, (8)의 관계는 자유낙
하의 가속도는 무게에 의하지 않는 상수라는 것을 가리키고 있
습니다.

다음으로 일반적인 빗면운동에서는 (1)(2)(3)의 관계로부터

$$V = \sqrt{2\alpha S} = \sqrt{2\alpha \frac{h}{\sin\theta}} \quad \cdots\cdots\cdots\cdots \quad (9)$$

라는 관계가 얻어지는데, 이것으로부터

$$\alpha = \frac{1}{2}A^2\sin\theta = g\sin\theta \quad \cdots\cdots\cdots\cdots \quad (10)$$

의 관계가 얻어집니다.

이것을 말로 하면, 「빗면을 굴러갈 때의 가속도는 자유낙하의 가속도의 $\sin\theta$배로서 빗면의 높이나 무게에 의하지 않는다」가 됩니다.

꽤나 복잡해졌습니다만, 여기서 다시 한 번 정리해 봅시다.

갈릴레오는 빗면 위의 운동이 (1)(2)(3)이 되는 법칙을 따르는 등가속도운동이라는 것을 발견했습니다.

또 빗면의 높이와 기울기를 여러 가지로 바꿔서 그는 (6)의 관계를 발견했습니다. (6)과 빗면 위의 운동의 특별한 경우로 간주되는 자유낙하의 경우에 성립되는 식 (1)′(2)′(3)′으로부터 얻어지는 (7)이라고 하는 관계로부터, 그는 자유낙하의 가속도 g가 물체의 무게에 의하지 않는 상수라는 것을 발견했습니다.

다음에는 (6)과 일반적인 빗면 위의 운동에 대해 성립하는 식 (9)로부터, 그는 빗면 위의 운동의 가속도는 자유낙하인 때의 $\sin\theta$배로서, 빗면의 높이나 물체의 무게에 의하지 않는다는 것을 발견했습니다.

지금까지의 결과들을 정리해 보았습니다.

우리는 갈릴레오의 방법에서 근대과학의 전형적인 연구방법을 엿볼 수 있습니다.

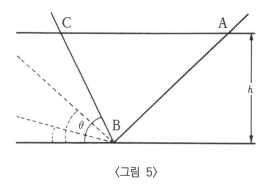

〈그림 5〉

갈릴레오는 처음에는 공기 저항의 영향을 피하는 연구를 하고 있습니다. 그리고 복잡한 현상을 몇 개로 나누어 먼저 (1)(2)(3)으로 나타내어질 만한 관계를 찾아내고, 다음에 (4)(5)(6)으로 나타내어질 만한 실험을 하여 다시 나아가서 (7)과 (9)의 관계를 발견하고, 그 다음에 수학과 논리의 도움을 빌어 '자유낙하의 가속도'와 '빗면 위의 낙하의 가속도'에 대해서 위에서 말한 결론을 얻었던 것입니다.

(2) **관성의 법칙**   갈릴레오는 빗면 위의 낙체운동으로부터 다시 뉴턴에 의해 분명히 제시된 관성의 법칙에 대한 고찰을 덧붙이고 있습니다. 그는 h의 높이인 빗면 위로 공을 굴려서, 그것이 최하단에 도달할 때에 얻어지는 속도가

$$V = \sqrt{2gh}$$

임을 확인했는데, 반대로 이 공을 이 속도로 다른 빗면 BC 위로 던져 올리면, 그것은 빗면 위 h인 높이의 C점에까지 도달할 것이라고 생각했습니다(그림 5).

즉 만약 C점보다 높은 점까지 올라갔다면, 공은 자신의 무게 만으로써 아래서부터 위로 올라간 것이 되므로 불합리하다. C 보다 낮은 점에서 머물렀다면, 이 운동을 모조리 역방향으로 하게 하여 AB인 빗면 위에서 A보다 높은 점에까지 공을 도달 시킬 수 있을 것이므로 이것도 불합리하다. 결국 공은 C점까지 도달할 것이라고 생각했던 것입니다.

이 이론에는 약간 분명하지 않은 데는 있으나, 결론만은 틀리지 않습니다. 이것은 후에 뉴턴역학에서 배우게 되고 또 에너지의 법칙으로부터도 분명해집니다.

그래서 이 결론은 이 정도로 만족하고, 다음에는 빗면 BC의 기울기의 각도 θ를 차츰 작게 해 가면 C의 B로부터의 거리 (높이가 아님)는 점점 멀어지는 셈이며, 마침내 θ를 0°로 하면 C는 무한히 멀리까지 갑니다. 즉 지구인력의 작용 아래서는 수평면 위를 구르는 공은 초속도를 감소하는 일이 없이 무한히 멀리까지 도달하는 셈이 됩니다.

그런데 지구의 인력은 수평방향으로는 작용하지 않기 때문에 (그것은 지구의 방향을 수직방향, 이것에 직각인 방향을 수평방향으로 하고 있기 때문에), 이것은 운동방향으로 힘이 작용하지 않을 때 물체는 그 방향으로 초속도를 유지하여 운동을 계속한다는 것을 가리키고 있습니다. 특별한 경우로서 초속도가 0라면 물체는 정지한 채로 있는 셈이며, 이것이 이른바 '관성의 법칙'입니다.

갈릴레오의 이러한 역학상의 연구는 후에 뉴턴에 의해 계승됩니다만, 여기서는 갈릴레오의 다른 방면의 업적에 대해 언급하겠습니다.

그것은 갈릴레오가 망원경을 사용하여 천체를 관측한 일입니다.

　망원경을 최초로 만든 사람이 누구인가에 대해서는 오늘날 여러 가지 설이 있습니다. 보통은 네덜란드의 안경장인인 자카리아스 얀센이라고도 하고, 역시 같은 안경장인인 리파슈라고도 말합니다. 이 망원경은 볼록렌즈와 오목렌즈를 꾸며 맞춘 것으로서 아마 렌즈를 다루다가 우연히 발견되었을 텐데, 발견은 1500년대 말이었으리라 생각됩니다. 오늘날에 와서는 놀랄 일이 못되지만, 당시의 사람들에게는 앉은 자리에서 먼 곳을 볼 수 있다는 것은 굉장히 희한한 일이었을 것입니다. 어쨌든 굉장한 평판이었습니다.

　그 소문을 듣고 갈릴레오는 자기도 만들어보려고 애쓴 결과, 마침내 1609년에 그것을 만들었습니다. 갈릴레오가 1592년에 피사의 고등학교로부터 파도바대학으로 옮겼다는 것은 앞에서도 말했으나, 1609년이라는 해는 그가 파도바에 머물렀던 마지막 해입니다. 이듬해 그는 여기에서 피렌체로 옮겨 갔습니다.

　여기서 망원경을 만들어 냄으로써 그는 코페르니쿠스의 지동설에 확고부동한 지위를 부여할 수 있었습니다. 코페르니쿠스설에 대한 그의 흥미는 피사의 학생시절부터의 것이지만, 파도바에 와서야 확신을 얻었던 것입니다. 그러나 그는 이 일에 대해서는 침묵을 지키고 있었습니다.

　이 동안의 사정에 대해서는, 갈릴레오 자신이 1597년에 케플러로부터 『우주와 신비』라는 책을 기증받은 감사의 편지 속에 자세히 나와 있습니다.

　나는 오랫동안 코페르니쿠스의 설을 믿어 왔습니다. 그것은 종전에 보통으로 받아들여지고 있는 가설로서는 도저히 설명할 수 없는 여러 가지 자연의 사건을 해명해 줍니다. 나는 프톨레마이오스설에 대한 반론을 많이 수집하고 있지만, 왜 그것을 공개하지 않느냐고 묻는다면, 우리의 선배인 코페르니쿠스와 운명을 함께 하게 되는 것을 두려워하고 있기 때문입니다. 이 사람은 어떤 사람들로부터 보면 불후의 공적을 지니고 있지만, 그래도 많은 사람들(어리석은 사람은 참으로 많습니다)에게는 비웃음과 경멸의 대상일 뿐인 것입니다.

그의 이 철저한 조심성은 결코 까닭이 없었던 것이 아니었습니다. 그것은 그 무렵에 일어난 조르다노 브루노(Giordano Bruno, 1548~1600)의 사건입니다.

브루노는 이탈리아인으로 젊었을 적에 도미니크교단에 들어갔는데, 어떤 불경죄로 인하여 로마로부터 프랑스로 도망쳤다가, 다시 영국으로 건너가 옥스퍼드에서 코페르니쿠스의 설을 지지하고 그 주석을 발표했습니다. 그러나 교회 쪽에서는 성서에 기술되어 있는 대로 지구를 우주의 중심으로 하는 입장을 취하고 있었으므로, 결국 브루노는 교회의 입장에 정면으로 반대한 셈이 되었습니다.

교회에서는 곧 그를 종교재판에 돌리기로 했으므로, 그는 전전하며 여러 나라로 도망쳐 다녔는데 1594년 끝내 체포되어 감옥에 갇혔습니다. 감옥에 있기를 7년, 1600년 2월 17일 이 열정의 사상가는 로마에서 화형에 처해졌습니다.

그러나, 이처럼 신중한 입장을 취했던 갈릴레오에게도 망원경의 발명을 계기로 교회의 손이 뻗어 왔습니다.

망원경의 발명에 관해 갈릴레오는 케플러에게 다음과 같은 글을 보내고 있습니다.

당신에게 전할 한 가지 뉴스가 있습니다. 당신이 기뻐할지 슬퍼할지는 모르지만……2개월쯤 전에 프란돌에서는 유리로 만든 것으로 10리나 멀리 떨어져 있는 사람이 뚜렷이 보이는 기계를 만든 사람이 있고, 낫사의 모리스 백작에게 그것을 바쳤다고 하는 소문을 당신도 들었을 것입니다. 그것은 굉장히 신기한 것으로서 나도 자세히 알고 싶었습니다. 그것은 아마 사영(射影) 이론에 바탕하는 것으로 생각되었고 여러 모로 연구하여 나도 만들어 보았는데, 그것은 네덜란드의 것보다도 훨씬 잘 보입니다. 그 이야기가 베네치아로 전해져서 원로원에서도 보여 달라고 할 정도로 평판이 자자했습니다. 신사들과 원로원 의원들은 베네치아에서 제일 높은 종각에 올라가 항구의 배를 보았습니다. 눈으로는 이미 두 시간 전에 사라져 버린 것이 다시 보이는 것입니다. 이 기계는 말하자면 50리 전방에 있는 것이 5리 앞에서 보이는 기능을 지녔습니다. 또 파도바에는 철학계의 권위자이면서도, 나의 망원경으로 달이나 행성을 보시라고 아무리 권해도 그것을 완강히 거부하는 사람이 있습니다. 당신도 이리로 오시면 좋겠습니다. 그리고 함께 이런 사람들을 실컷 비웃어 주었으면 싶습니다. 또 피사의 철학 선생은 대공(大公) 앞에서 이 새로운 별을 마치 마술처럼 생각하고 토론을 벌여, 하늘로부터 말살해 버리려고 골몰하고 있다고 합니다.

　케플러는 이 편지를 받고 친구의 기쁨을 상상하며 자기도 몹시 흥분했노라고 말하고 있습니다. 자연계에 아름다운 질서가 존재한다는 것을 거의 동시에 발견한 두 사람의 위대한 학자 사이에, 이렇게 아름다운 우정이 존재했다는 것을 우리 또한 깊은 감격으로 지켜보는 것입니다.

　갈릴레오가 망원경을 사용하여 발견한 사실 중 주된 것을 들어 봅시다.

　　첫째, 목성 주위에 네 개의 행성이 돌고 있다는 것—여기에서 우
　　　리는 코페르니쿠스의 태양계의 작은 모형을 눈앞에 보는

셈입니다.

둘째, 금성은 달과 마찬가지로 차거나 기운다.

셋째, 태양에는 흑점이 있고, 그것이 태양 면을 움직이고 있다.

넷째, 달 표면에는 산과 골짜기가 있다.

다섯째, 희고 아련하게 보이는 은하는 사실은 많은 별의 집합이다.

갈릴레오는 이렇게 발견한 많은 새로운 사실을 친구에게 알리는 것조차도 겁을 먹고 있었으나, 1611년 어느 친구의 권고로 로마에 가서, 표면적으로는 코페르니쿠스설을 내세우지 않고서 수도승들에게 망원경을 들여다보게도 했습니다. 그러는 동안에 서서히 갈릴레오가 코페르니쿠스설을 신봉하는 것에 대한 비난이 높아져, 1615년 로마로 불려가 그 설에 대한 해명을 하라는 요구를 받았습니다. 추후 지동설을 입에 담지 않는다는 약속으로 방면되어 피렌체로 돌아왔습니다.

1630년 갈릴레오는 천문학에 대한 자기의 연구를 정리하고 그 출판 허가를 얻기 위해 로마를 찾았습니다. 그리고 도서 검열 담당자인 리카르디라는 사람으로부터, 코페르니쿠스설을 어디까지나 단순한 가설로서 설명하는 것이라면 출판을 해도 좋다는 허가를 받아, 1632년 피렌체에서 출판한 것이 이른바 『천문학 대화』입니다. 그러나 이 책은 교회의 노여움을 샀고, 마침내 그는 1632년 로마에서 종교재판을 받게 되었습니다.

그리고 거기서 지동설을 진리로 인정하지 않는다는 서약서를 쓰고, 근신하라는 명을 받았습니다. 갈릴레오가 「그래도 지구는 움직인다」고 말했다고 전해지는 것이 바로 이 재판입니다. 그의 근신은 그가 죽을 때까지 계속되었는데, 그 동안에 그는

『역학 대화』라는 책을 썼습니다.

1638년, 이 책은 출판이 자유로웠던 네덜란드에서 동료들의 힘으로 출판되었습니다. 그 무렵 갈릴레오는 오랜 기간의 망원경 관측으로 인해 결국 실명하고 맙니다. 그리고 쓸쓸한 만년을 제자 토리첼리와 비비아니(Vincenzo Viviani, 1622~1703)의 위로를 받으며 1642년 1월 8일에 사망했습니다.

갈릴레오는 죽었지만, 그와 케플러에 의해 발견된 자연계의 법칙은 현재도 인류 공통의 보물로서 영원한 빛을 던져 주고 있습니다.

9. 르네 데카르트

뉴턴의 이야기에 앞서 르네 데카르트에 대해 언급하겠습니다. 해석기하학(解析幾何學)이 물리학에 얼마나 공헌했는지는 헤아릴 수 없을 정도입니다.

르네 데카르트(Rene Descartes, 1596~1650)는 1596년 프랑스의 투렌주(州)의 한 귀족의 아들로 태어났습니다. 8세부터 11세까지 국왕 앙리 4세(Henri Ⅳ, 1553~1610)가 라플레세에 세운 학교에서 배웠습니다.

여기서 그는 전통적인 여러 가지 학문을 수학하여 수재라는 평판을 얻었습니다. 나중에 이 시절을 회상하며 데카르트가 그의 저서 『방법서설』에 기술하고 있는 가운데서, 철학과 수학에 대해 쓴 것을 인용해 보겠습니다.

철학에 대해서는, 그것이 훌륭한 정신에 의해 최근 몇 세기 동안이나 개발되었음에도 불구하고, 아직까지 어느 하나 거기서 논쟁의 씨앗으로 되지 않는 것이 없으며, 따라서 미심쩍지 않은 것이라곤

없다는 것을 보았기 때문에, 이 학문에서 세상 사람들보다 더 잘 해내겠다고 바랄만큼 충분한 자부심은 조금도 품지 않았었다는 것, 그리고 참된 의견은 오직 하나밖에 있을 수 없는데도 불구하고, 같은 사항에 관해서 얼마나 다양한 의견이 주장될 수 있는가를 보고, 진실인 것처럼 생각되는 데에 불과할 뿐인 일은 모조리 허위일 것이라고 간주했다는 것, 이 두 가지를 제외하고는 나는 아무것도 말하지 않겠다. 그리고 다른 학문에 대해서 말하자면, 그들 학문이 그 원리를 철학으로부터 빌려오고 있는 한, 이렇게도 견실성이 부족한 기초 위에서는 튼튼한 학문은 무엇 하나인들 구축될 수 없다고 나는 판단했다.

이리하여 그는 자연철학적인 학문과의 절연을 결의했던 것입니다. 그는 또 수학에 대해서는,

특히, 나는 수학을 좋아하고 있었다. 그것이 지니는 이론의 확실성과 명증성 때문이다. 그러나 나는 아직 조금도 그것의 참된 사용법을 깨치지 못하고 있었다. 이리하여 수학은 기계적인 응용기술에만 봉사하는 것이라고 생각하기 쉬웠는데, 그것의 근저가 지극히 확실하다는 것, 이 위에 보다 한층 높은 것이 아무것도 세워져 있지 않는 것을 보고 나는 깜짝 놀라 버렸다.

고 말하고 있습니다. 그는 이 견실한 학문인 수학 위에 그의 모든 학문을 구축해 나가려고 한 것입니다.

아버지의 희망도 있고 하여 견습사관의 수업을 쌓은 뒤, 그는 청년시절을 네덜란드와 남독일로의 종군으로 소비하는 동안에 현(弦)의 진동과 돌의 낙하, 용기 속의 수압의 연구, 또 원의 내접다각형과 2차곡선의 연구가 그의 마음을 사로잡았습니다. 그는 하나하나의 문제를 별개로 해결해 나가는 방법이 아닌,

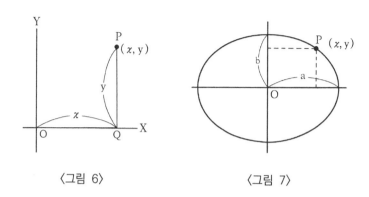

〈그림 6〉　　　　　　　　　〈그림 7〉

좀 더 일관된 방법으로 해결하기로 했습니다. 그리고 이런 방침으로서, 먼저 사항을 되도록 간단한 요소로 나누고, 또한 이미 알고 있는 것과 미지의 것을 확실히 구별하여 그들 사이의 관련을 찾아내는 방법이 취해졌습니다. 그는 대상을 수학적인 양으로 채택하고, 그들 대상 사이의 관계를 수학적인 등식 또는 방정식으로서 나타내는 방법을 취했던 것입니다. 간단한 예를 들어 그의 방법을 설명해 봅시다.

어떤 평면 위의 점의 위치라고 하는 것은 꽤 모호한 대상입니다. 그러나 다음과 같이 하면, 이것을 두 개의 수로 나타낼 수 있습니다.

위의 〈그림 6〉을 봅시다. 평면 위에 한 점 O를 취하고, 이 점에서 직교하는 OX, OY라는 두 직선을 그어봅니다. 그러면 임의의 한 점 P의 위치는, P를 통과해서 OY로 평행으로 그은 직선이 OX와 교차하는 점을 Q로 하여 OQ, PQ의 길이를 나타내는 수 xy(이를테면 미터를 길이의 단위로 하여)로 완전히 나타낼 수 있습니다.

이밖에 예를 들어 〈그림 7〉과 같이 점 P가 긴 축 2a, 짧은

축 2b인 타원 위에 있다면, 그것은 점 P를 나타내는 수 x, y 사이에

$$\frac{x^2}{a^2} + \frac{y^2}{b^2} = 1$$

의 관계가 있다고 할 수 있습니다.

이와 같은 방법이 데카르트의 방법인데, 이것이 후세의 물리학의 발전에 기여한 공적은 헤아릴 수 없이 큽니다.

10. 아이작 뉴턴

이와 같은 시대의 움직임 가운데서 아이작 뉴턴(Issac Newton, 1642~1727)이 탄생했습니다. 케플러와 갈릴레오에 의해 자연에 아름다운 법칙이 있다는 것이 밝혀지고, 데카르트에 의해서 이 법칙에 응용되는 수학의 기초가 다듬어졌지만, 이 둘을 융합시켜 아름다운 과학의 전당을 쌓아올리는 데는 뉴턴이라는 천재를 기다려야 했습니다.

뉴턴은 1642년 12월 25일 영국 링컨셔의 울스소프라는 작은 마을의, 그다지 유족하지 못한 농부의 아들로 태어났습니다. 이것은 그의 선구자인 갈릴레오가 죽은 1642년 1월 8일로부터 약 1년 후입니다. 뉴턴의 생가는 아직까지 남아 있다고 합니다.

그리고 뉴턴이 태어난 방의 난로 위에는 포프(Alexander Pope, 1688~1744)의 다음과 같은 글귀가 걸려있다고 합니다.

Nature and Natures's laws lay hid in night,

God said "Let Newton be" and all was light.

(자연과 그 법칙은 밤의 어둠에 묻혀 있었다.

신이 "뉴턴이 있으라"고 말씀하시자 모든 것이 밝아졌다.)

12세가 되던 1655년, 뉴턴은 울스소프에서 25리쯤 떨어져 있는 그랜덤의 킹스스쿨에 들어갔습니다. 이 시절의 뉴턴은 다른 아이들과 별다른 데도 없었고, 그저 깊이 생각에 잠기거나, 무언가 신기한 것을 만들기를 좋아할 뿐이었습니다.

뉴턴은 방아 찧는 풍차모형을 만들어 바람을 사용하지 않고 생쥐를 써서 풍차를 움직이는 방법을 생각했습니다. 또 해시계를 만드는 방법도 생각했습니다.

그리고 한편으로는 케임브리지대학에 들어갈 공부를 계속하여 1661년에 케임브리지의 트리니티대학에 입학했습니다. 이 대학에 들어가서 처음으로 읽은 책이 케플러의 『광학』이었습니다.

뉴턴이 광학에 흥미를 가지고 이 방면에 남긴 많은 업적은 뒤에서도 다룰 예정입니다만, 그 시작은 여기에 있었는지도 모를 일입니다.

그 무렵, 그는 대수학과 데카르트의 기하학에 대해서도 공부했습니다. 이 무렵에 뉴턴의 뛰어난 재능이 나타나기 시작하여, 대수학에서 유명한 '이항정리'를 발견하고 있습니다.

이항정리는 다음과 같습니다. 대수학을 아는 여러분이라면,

$$(x+y)^2 + x^2 + 2xy + y^2$$

으로 되고,

$$(x+y)^3 = x^3 + 3x^2y + 3xy^2 + y^3$$

으로 되는 것은 잘 알고 있을 것입니다.

그런데 이것을 확장시켜서, 일반적으로 n이 임의의 수일 때

에 $(x+y)^n$이 어떻게 나타내어지는가를 보인 것이 이항정리입니다. 뉴턴은 또 유율법(流率法, Method of Fluxion)이라 하여 후에 미분학에 해당하는 학문의 실마리에 대해 생각하거나, 또 색의 문제에 대해 프리즘의 실험을 하고 있습니다.

그러던 1665년 5월, 런던에서 발생한 흑사병(페스트)이 퍼졌기 때문에 케임브리지대학도 한때 폐쇄되었습니다. 뉴턴은 고향 울스소프로 돌아가, 1667년 초 케임브리지로 되돌아올 때까지 1년 반을 고향에서 지냈습니다.

나이로는 23~25세에 해당하는 기간입니다. 그리고 이 1년 반 동안에 과학 사상 불후의 세 가지 업적, '미분법의 발견', '만유인력의 발견', '빛의 분산의 발견'의 실마리를 발견하고 있습니다.

다만 그는 지나치리만큼 조심스러워서 완성된 일이 아니면 결코 발표를 하지 않았습니다. 이리하여 1667년 초 큰 수확을 안고 케임브리지로 돌아왔습니다. 그리고 몇 해 뒤, 은사 배로 (Isaac Barrot, 1630~1677)의 뒤를 이어 케임브리지의 교수직에 취임했습니다. 이 무렵 그는 반사망원경을 만들고 있습니다.

갈릴레오 등에 의해 만들어진 망원경은 굴절망원경이었으나, 뉴턴은 왜 굴절망원경이 나쁜가에 대해서 고찰하고 반사망원경을 만들었습니다. 그 최초의 것은 1668년에 만들어졌습니다. 세 번째로 만든 망원경은 1671년, 왕립협회에서 일반에게 공개되었고 지금도 왕립협회에 남아 있다고 합니다.

그것에는 다음과 같은 설명이 붙어 있습니다. 「The first reflecting telescope invented by Sir. Issac Newton and made with his own hand.'」 한편, 빛에 대한 이론도 고찰하

고 있습니다.

이렇게 하여 1667년부터 약 10년간 뉴턴은 전적으로 광학의 연구에 종사했습니다. 이 동안의 업적에 대해서는 뒤에서 다시 언급하겠습니다. 1677년에 이르러 뉴턴의 관심은 다시 만유인력으로 돌아왔고, 유명한 '힘의 역제곱의 법칙'에 바탕하여 행성의 운동을 논한 논문이 1685년 출판되었습니다. 또 이것을 핵심으로 하여 1686년 대저 『프린키피아(Principia)』, 즉 『자연철학의 수학적 원리』가 출판된 것입니다.

그의 과학상의 주된 일은 이 무렵으로 끝나고, 이후 1727년의 죽음에 이르기까지 약 40년간은 유유히 여생을 즐겼습니다.

11. 운동의 법칙

우선, 그의 발견과 관계되는 미적분학에 대해 설명하겠습니다. 데카르트에 의해 해석기하학이 만들어진 것은 이미 앞에서 말했습니다. 데카르트의 해석기하에 대한 책은 1637년 출판되었습니다. 뉴턴은 데카르트의 책을 애독했고, 이것으로부터 많은 것을 배우고, 나아가 미적분학을 고안해 냈습니다.

미적분학에 대해서는 독자에게 다소의 예비지식이 있다고 가정하고, 여기서는 미적분학과 역학의 관계에 대해서 말하겠습니다. 예를 들어 설명하는 편이 좋으리라 생각하기에 케플러의 법칙을 예로 들겠습니다.

케플러의 제1법칙에서 행성의 궤도가 타원이라는 것을 설명하고 있으나, 이것은 궤도의 전체적인 상태입니다. 그런데 그 궤도의 일부분을 〈그림 8〉에 끄집어내 봅시다.

A점에서 행성은 어느 방향으로 어느 속도로써 진행하고 있습

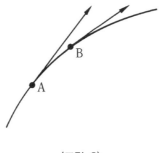

〈그림 8〉

니다. 다음에는 이것에 가까운 B점에서도 행성은 어느 방향으로 어느 속도로써 진행할 것입니다. B점에서의 진행방향이나 속도는 일반적으로 A점에서의 것과는 조금 다릅니다. 그런데 행성이 타원궤도를 그린다고 하는 법칙은, 극히 가까운 두 점 A, B에서의 행성의 진행방향 및 속도 변화의 법칙을 차례로 연결시켜 얻은 결과인 것입니다.

이와 같이 매우 접근한 두 점 사이의 운동을 나타내는 법칙을 '운동의 미분법칙'이라고 합니다. 이것에 반해 케플러의 제1법칙과 같은, 운동의 전체로서의 상태를 나타내는 법칙을 '운동의 적분법칙'이라고 합니다. 앞의 설명으로도 알 수 있듯이 적분법칙은 미분법칙을 연결시켜서 만들어지는 것이고, 미분법칙은 적분 법칙을 압축시켜서 만들어지는 것입니다.

이와 같은 견지로부터 보면, 케플러의 법칙은 모두가 적분법칙입니다. 제1법칙이 적분법칙이라는 것은 이 설명으로 이해가 되었을 것입니다. 제2법칙, 즉 면적의 법칙도 극히 작은 부분에 대한 미분적인 관계를 전체에 대해서는 아니더라도, 일부분에 대해 적분한 결과입니다. 제3법칙, 즉 궤도의 평균 반경과 궤도를 한 번 도는 데에 소요되는 시간과의 관계도, 미분법칙을 1주기 사이에 적분하여 얻어낸 결과입니다.

그러므로 만약 행성의 운동의 미분법칙을 찾아낼 수 있다면 그것을 여러 가지 범위로 적분하여, 우리는 케플러의 운동의 세 가지 법칙을 얻을 것이 틀림없습니다. 실제로 뉴턴은 이런 방법을 취했던 것입니다.

그것에는 미적분학이 필요합니다. 뉴턴은 먼저 이 연장부터 준비하고서 대들어야 했던 것입니다. 무엇이든지 그것을 시작하는 사람의 고생이라는 것은, 뒤를 잇는 우리의 상상을 초월하는 것이 있습니다. 어쨌든 여기에서는 그런 미적분학의 연장이 갖추어졌다고 가정하고 이야기를 이어가겠습니다.

먼저 뉴턴의 운동의 법칙입니다. 그리스시대의 옛날부터, 정지해 있는 물체는 힘이 작용하지 않으면 언제까지고 정지해 있다는 것이 알려져 있었습니다. 그러므로 옛날 사람은

$$\text{힘} \propto \text{속도} \quad \cdots\cdots\cdots\cdots\cdots \text{(1)}$$

라는 비례관계를 생각하고 있었습니다. 즉 힘이 작용하지 않으면 속도가 0이고, 따라서 정지해 있는 물체는 언제까지고 정지해 있다고 생각했습니다.

이것은 무리가 아닌 생각으로, 실제로 가속도라고 하는 사고방식은 갈릴레오가 낙체의 실험을 하여 비로소 밝혀낸 생각입니다. 실제는 (1)의 우변의 속도는 가속도로 바꿔 놓아야 하는 것인데, 그것에는 앞에서 설명한 갈릴레오의 생각이 중요한 역할을 하고 있습니다.

70

갈릴레오는 힘이 작용하지 않으면 물체는 초속도를 잃는 일 없이 등속도운동을 한다는 것을 논리적으로 이끌어냈는데, 이것이 성립하기 위해서는 (1)의 우변의 속도를 가속도로 치환하여,

힘 ∝ 가속도 ·················· (2)

로 해야 합니다. 실제로 이 관계를 가정하면 힘이 작용하지 않을 때는

가속도 = 0

로 됩니다. 그러나 시간 t인 순간의 속도를 V라 하면 가속도= $\frac{dV}{dt}$ 이므로 이 관계는

$$\frac{dV}{dt} = 0 \quad \cdots\cdots\cdots\cdots\cdots (3)$$

로 됩니다. 이 양변을 1회 적분하면,

V = 상수 ·················· (4)

로 되는데, 이 상수가 초속도와 같아져야 한다는 것은, t=0, 즉 최초의 순간에도 관계 (4)가 설립되어야 한다는 것으로부터도 알 것입니다. 결국 (2)의 관계를 가정하면 '힘이 작용하지 않을 때는 물체는 초속도를 잃지 않고 등속도운동을 한다'고 하는 것이 나타나는 셈이므로, 어쨌든

힘 ∝ 가속도 ·················· (2)

를 가정하지 않으면 안 된다는 것은 이 긴단한 고찰로부터도 엿볼 수 있습니다. (2)의 비례상수를 m으로 하여,

$$\text{힘} = m\frac{dV}{dt} \quad \cdots\cdots\cdots\cdots \quad (5)$$

로 해 봅시다.

m의 물리적 의미는 다음과 같습니다. 즉 같은 크기의 힘이 작용하더라도 m이 작은 물체에서는 큰 속도의 변화가 일어날 것이며, m이 큰 물체에서는 작은 속도의 변화밖에 일어나지 않는 것입니다. m을 질량이라고 부르고 있는데 그 물리적인 의미를 생각하면, 이것이 무엇인가 우리가 보통 물체의 무게라고 말하고 있는 것과 비슷합니다.

실제로 질량과 무게가 비례한다는 것은 뒤에서 분명해집니다. 지금은 단지 이 관계를 갈릴레오의 '낙체의 법칙'과 케플러의 '행성의 운동의 법칙'에 적용하여 어떤 결과가 얻어지는지 살펴보기로 합시다.

먼저, 갈릴레오의 낙체의 법칙에 대해 생각해 봅시다. 그러려면 물체가 떨어지는 것은 지구가 그 물체에 인력을 미치기 때문이라고 생각하고, (5)를 다음의 형태로 고쳐 써 봅니다.

$$\text{낙체의 가속도} = \frac{\text{지구의 인력}}{\text{낙체의 질량}} \quad \cdots\cdots\cdots\cdots \quad (6)$$

그러나 갈릴레오의 실험의 결과에 의하면 낙체의 가속도는 어떠한 물체에 대해서도 같았습니다. (6)으로부터 생각해 보면 이것은

낙체의 질량 ∝ 지구의 인력

을 의미하고 있습니다. 그러나 물체의 무게란 지구가 물체에

72

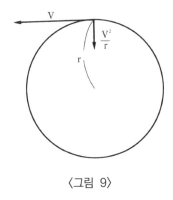

〈그림 9〉

미치는 인력 바로 그것이므로 이 관계는

　　물체의 질량 ∝ 물체의 무게 ················· ⑺

를 의미합니다. 이것이 관계 ⑸를 케플러의 낙체의 실험에 적용해서 얻어낸 결과입니다.

　다음에는 관계 ⑸를 케플러의 법칙에 적용해봅시다. 행성은 타원궤도 위를 움직여 가는데, 이것을 대체로 원으로 간주하고 관계 ⑸를 적용해봅시다. 그러려면 행성이 운동하는 것은 태양의 인력에 의하는 것이라고 생각하여 관계 ⑸를

　　태양의 인력 =

　　행성의 질량 × 행성의 태양으로 향하는 가속도 ············ ⑻

로 고쳐 씁니다. 그러나 행성이 속도 V로 원운동을 할 때, 원의 중심으로 향하는 가속도는 $\frac{V^2}{r}$이라는 것을 증명할 수 있습니다(그림 9). 한편, 행성이 원주 위를 일주하는 데에 소요하는 시간 T는 $T=\frac{2\pi r}{V}$이므로, 이 가속도는 $(\frac{2\pi r}{T})^2\frac{1}{r}$로 됩니다.

그러나 케플러의 제3법칙에 의하면 $\frac{r^3}{T^2}$=일정이므로, 이 가속도는 r^2에 반비례하는 것이 됩니다. 그러므로 (8)은

$$\text{태양의 인력} \propto \frac{\text{행성의 질량}}{\text{태양과 행성의 거리의 제곱}} \quad \cdots\cdots\cdots\cdots (9)$$

으로 됩니다. 요컨대 관계 (5)를 갈릴레오 및 케플러의 법칙에 적용한 결과는

$$\text{지구의 인력} \propto \text{인력을 받는 물체의 질량} \quad \cdots\cdots\cdots\cdots\cdots (10)$$

$$\text{태양의 인력} \propto \frac{\text{행성의 질량}}{\text{태양과 행성의 거리의 제곱}} \quad \cdots\cdots\cdots\cdots (11)$$

입니다. (10) 및 (11)을 비교해 보고, 뉴턴은 그의 '만유인력의 법칙'을 이끌어내었던 것입니다. 즉, 「두 물체는 그 각각의 질량의 곱에 비례하고, 두 물체간의 거리의 제곱에 반비례하는 힘으로 서로 끌어당긴다」는 법칙입니다.

이 법칙은 점이라고 생각될 만큼 작은 물체에 대해 성립되는 것이지만, 약간 수학적인 절차를 취하면 이것으로부터 크기가 임의인 두 개의 공에 대해서 다음과 같은 법칙을 얻을 수 있습니다. 「두 개의 공은 그 각각의 공의 질량에 비례하고, 두 공의 중심 사이의 거리의 제곱에 반비례하는 힘으로 서로 끌어당긴다」

뉴턴이 이 법칙이 옳다는 것을 확인한 방법은 다음과 같은 방법입니다. 그는 달이 지구를 중심으로 하여 대체로 원형궤도를 그리며 운동하고 있는 것은 지구의 인력에 의하는 것이라고 생각했습니다. 달은 대체로 지구 반경의 60배의 반경을 갖는 원 주위를, 대체로 일정한 속도로 움직이고 있습니다. 그리고

이것을 일주하는 데에는 27일쯤이 걸립니다.

　그러나 〈그림 9〉에서도 얻었듯이 반경 r의 원주 위를 T라는 주기로 돌 때의 중심으로 향하는 가속도는 $(\frac{2\pi r}{T})^2\frac{1}{r}$였으므로 이것에 r=60R, T=27×24×60×60초, R=지구의 반경=6,370 km라고 하는 달에 관한 값을 넣으면 달이 지구로 향하는 가속도는

$$(\frac{2\pi \times 60R}{27 \times 24 \times 60 \times 60})^2\frac{1}{60R}$$

로 됩니다. 그런데 달이 지구 바로 가까이까지 왔다고 가정하면, 달과 지구의 거리가 60분의 1이 됩니다. 만약 만유인력의 법칙이 옳다면, 지구가 달을 끌어당기는 힘은 3,600배로 불어날 것입니다. 따라서 가속도도 위의 값의 3,600배가 될 것이 틀림없습니다. 그 값을 계산해 보면 대체로 980㎝/sec^{2}로 됩니다.

　즉, 달은 이만한 가속도로서 지구로 향해 '떨어져' 내리는 셈입니다. 그런데 이 값은 갈릴레오가 낙체의 실험으로부터 이끌어 낸 낙체의 가속도(그것이 낙체의 질량에 의하지 않는다는 것을 갈릴레오는 실험으로 확인했습니다)와 같습니다.

　이리하여 뉴턴은 달을 궤도 위로 돌게 하는 힘도, 갈릴레오가 실험한 지구 위의 물체를 떨어뜨리는 힘도 같은 지구의 인력이라는 것을 제시하고, 또 그것이 케플러의 법칙으로부터 이끌어진 '만유인력'의 하나의 발현이라는 것을 제시했던 것입니다. 이간의 사정에 대해 뉴턴은 다음과 같이 기술하고 있습니다.

　나는 같은 해(1666) 중력을 달의 궤도로 확장하여, 원 궤도를 운하는 물체가 케플러의 제3법칙에 의해 어떤 힘을 받지 않으면 안

되는가를 연구하기 시작했다. 그 결과 행성이 그 궤도 위를 운행할 수 있기 위해서는, 중심으로부터의 거리의 제곱에 반비례하는 힘을 받지 않으면 안 된다는 것에 귀결하였다. 그리고 이 생각을 토대로 하여 지구 주위로 달이 운행하는 데에 필요한 힘과 지구 위의 중력을 비교하여, 이들을 꽤 근사적(近似的)으로 찾아냈다.

또한 뉴턴의 탁월한 사색에 대해서는 유명한 에른스트 마하 (Ernst Mach, 1838~1916)가 다음과 같이 기술하고 있습니다.

뉴턴은 지극히 대담한 사색력을 발휘하여 먼저 달을 예로 들고, 그것이 낙체의 가속도와 본질적으로 다른 것이 아니라는 것을 인정했다.

아마도 뉴턴이 이 발견을 하게 한 것은 갈릴레오의 경우에도 큰 역할을 한 연속의 원리였을 것이다. 그는 어떤 개념을 파악하면 그 개념을 사정이 다른 경우에 대해서 되도록 광범위하게 견지하고, 자연 현상의 인식에서 얻어진 관념 속에 단일성을 유지하려는 습관이 있었는데, 이것은 위대한 진리 탐구자들에게 고유한 것인 듯하다.

'한번 어떤 곳에서' 자연의 특질이었던 것은, 마찬가지로 눈에 두드러지지는 않으나 '항상, 그리고 도처에서' 모습을 나타낸다. 지구 중력은 지구의 표면뿐 아니라 높은 산 위나 깊은 샘 속에서도 관찰된다면, 사고(思考)의 연속에 길들어져 있는 자연탐구자는 우리가 도달할 수 없을 만큼 높은 상공이나 대지의 깊숙한 곳에서도 이 중력이 작용한다고 상정하는 것이다. 그는 중력의 작용에 대해서 어디에 한계를 두면 좋을지, 달에까지 그것이 다다르고 있지는 않은지 자문한다. 상상의 힘찬 비약은 이러한 물음과 함께 얻어진 것이며, 뉴턴의 지력(知力)에 있어서의 위대한 과학상의 업적은 이들의 필연적인 결과에 지나지 않는 것이다.

참으로 과학자의 탐구 심리를 잘 통찰한 말입니다.

마하가 언급한 '연속의 원리'라는 것은 별로 새로운 원리가 아닙니다. 그것은 자연의 법칙에 대한 신앙이라고 해도 되는 것입니다. 즉 마하 자신도 말하고 있듯이, '한번 어떤 곳에서' 성립된 법칙은, '항상, 도처에서 성립된다'는 의미입니다.

그런데 뉴턴은 운동의 법칙에 의해 만유인력이라는 생각으로 이끌어져 왔지만, 그의 생각은 거기에만 머무르지 않았습니다. 그는 문제의 출제방법을 다음과 같이 바꾸어 보았습니다.

「한 점으로 향하는 힘에서, 그 힘의 크기가 그 점으로부터의 거리의 제곱에 반비례하는 힘을 받는 물체는 어떤 궤도를 그리게 될까?」 이 문제에 대해서는 다음과 같은 이야기가 전해지고 있습니다.

1684년 어느 날, 훅(Robert Hooke, 1635~1703), 렌(Sir. Christopher Wren, 1632~1723), 핼리(Edmund Halley, 1656~1742) 세 사람의 훌륭한 과학자가 왕립협회에 모여서 이 일을 논의했습니다. 사실은 핼리가 이 문제를 아무리 궁리해 보아도 도무지 해결할 방법이 없었기 때문에, 훅과 렌에게 이 문제를 제기했던 것입니다. 세 사람은 2달 이내에 이 문제를 완성시킨 사람에게, 그 당시 세 사람이 다 갖고 싶어 하고 있던 어떤 책을 선물할 약속을 하고 헤어졌습니다.

핼리는 케임브리지의 뉴턴을 찾아가, 「행성이 거리의 제곱에 반비례하는 중심력을 받고 있을 때는 어떤 궤도를 그리게 될까요?」라고 물었습니다. 그러자 뉴턴은 즉석에서, 「그건 타원입니다」라고 대답했습니다. 핼리는 깜짝 놀라며 「당신은 그걸 어떻게 알고 있습니까?」라고 다시 물었습니다. 뉴턴은 「나는 이미

1679년 그것을 계산한 적이 있습니다」라고 대답하면서, 1666년의 전염병 때에 케임브리지를 떠나 고향 울스소프에 있을 때 이것을 생각했었다고 말했습니다.

핼리는 그 계산을 보여 달라고 했으나, 뉴턴이 계산을 기록한 노트를 찾지 못하여, 나중에 다시 계산해서 보내주기로 약속했습니다. 그 약속은 지켜졌습니다. 핼리의 기쁨은 굉장했습니다. 핼리는 곧 케임브리지로 뉴턴을 찾아가서 이 훌륭한 연구를 공표하라고 권했습니다.

뉴턴은 그 후 더욱 연구를 추진하여, 일정한 점으로 향하는 거리의 제곱에 반비례하는 힘을 받는 행성은 일반적으로 그 일정한 점을 초점으로 하는 이차곡선이라는 것을 증명했습니다. 그리고 핼리의 권고에 따라 이 연구를 정리하여 1685년 「물체의 운동에 대하여」라는 제목으로 발표했습니다.

이차곡선이라고 하면 타원 외에 쌍곡선과 포물선이 있는데, 이와 같은 궤도를 그리는 별은 우리 눈에 들어왔다가는 사라져 버리고 다시는 볼 수 없게 됩니다. 혜성 가운데는 예로부터 단 한 번밖에 나타나지 않은 것도 있습니다. 바로 이런 종류의 혜성입니다.

이렇게 하여 뉴턴의 운동의 법칙 및 만유인력의 법칙은 그때까지 알려져 있던 갈릴레오의 낙체의 법칙, 케플러의 행성의 운동에 관한 법칙을 충분히 설명할 수 있었을 뿐 아니라, 이 밖의 많은 일을 설명할 수 있어 후세의 물리법칙의 모범이 된 것입니다.

뉴턴은 핼리의 권고로 위에서 말한 「물체의 운동에 대하여」라는 논문에다 첨가하여, 1687년 『자연철학의 수학적 원리』,

줄여서 『프린키피아』라고 불리는 책을 출판했습니다. 이 책의 출판에는 핼리가 무척 애를 썼습니다. 핼리는 이 책을 왕립협회에서 출판할 생각이었던 것입니다.

그러나 협회에서는 『프린키피아』를 출판할 비용을 댈 수 없었습니다. 핼리는 이렇게 훌륭한 책이 출판될 수 없다는 것을 매우 유감으로 생각했습니다. 그래서 책의 출판 비용을 모두 자신이 부담하기로 결심했습니다. 이리하여 『프린키피아』가 세상에 나왔습니다. 우리는 핼리의 아름다운 마음에 진정 감사해야 할 것으로 생각합니다.

12. 뉴턴역학의 승리

뉴턴역학은 이렇게 하여 형성되었습니다. 「지식은 힘」이라는 말이 있습니다. 일단 자연계에 존재하는 아름다운 법칙을 발견해 내면, 그 법칙으로부터 우리는 계산에 의해서 미래에 무엇이 일어나는가를 예언할 수 있습니다. 이 절에서는 그 예를 두 가지만 들겠습니다.

처음은 핼리혜성에 관해서 입니다. 이것은 핼리가 예언한 것으로서, 그의 이름을 따서 지금까지 부르고 있습니다.

1682년 커다란 혜성이 나타났습니다. 그 무렵까지는 혜성은 한 번 나타나면 두 번 다시는 나타나지 않는 것으로 알려져 있었습니다. 핼리는 뉴턴의 공식을 사용하여 계산해 본 즉, 이 혜성의 궤도도 타원이라는 것을 밝혀냈습니다.

다만, 그 궤도를 일주하는 데에 76년이라는 긴 시간이 필요했습니다. 핼리는 낡은 천문기록을 조사해 보았습니다. 그러자 76년째마다, 즉 1531년과 1607년에도 큰 혜성이 나타났었다는 것을 알게 되었습니다. 핼리는 이것이 모두 같은 혜성일 것이라고 단정하여 세상 사람들을 깜짝 놀라게 했습니다.

1682년에 76년씩을 더해 1759년, 1835년, 1901년에 이 혜성이 다시 나타나리라고 예언했습니다. 그리고 뉴턴역학의 승리를 가리키기나 하듯이, 핼리혜성은 이 해에 어김없이 나타나 학문의 진실성을 입증했습니다.

또 하나의 이야기는 프랑스의 천문학자인 르베리에(Urban Jean Joseph Levemer, 1811~1877)와 영국의 천문학자인 애덤스(John Couch Adams, 1819~1892)에 의한 해왕성의 발견입니다.

태양을 도는 별 가운데 수성, 금성, 화성, 목성, 토성의 다섯 별이 오래 전부터 알려지고 있었는데, 1781년에 허셜(John Friedrick William Herschel, 1792~1871)이라는 천문학자가 토성의 바깥쪽에서 천왕성이라는 새로운 별을 발견했습니다. 천왕성의 궤도를 계산하여 그것을 관측과 비교해 본 즉, 그것이 점점 계산상의 궤도로부터 벗어나기 때문에 많은 천문학자의 주목을 모았습니다. 그리고 이 원인은 아마 천왕성보다 먼 곳에 또 하나의 별이 있어서 그것이 천왕성에 인력을 미치기 때문에 이와 같이 궤도가 바뀌는 것이라고 생각되었습니다.

학자들은 그 행성이 어디에 있으며 얼마만한 크기인가를 계산해 내기로 했습니다. 이 계산이 영국의 애덤스와 프랑스의 르베리에에 의해 이루어졌습니다.

르베리에가 이 계산을 완성한 것은 1846년이었습니다. 그는 곧 자신의 계산 결과를 독일의 베를린에 있는 천문대의 갈레(Johann Gottfried Galle, 1812~1910)라는 사람에게 편지로 써 보내어, 물병자리라는 별자리 속에 8등성 정도의 작은 별이 있는 것 같다고 알렸습니다.

갈레는 르베리에가 산출한 자리로 망원경을 돌렸습니다. 그리고 거기에서 하나의 행성을 발견했습니다. 1846년 9월 23일 밤의 일이었습니다. 이 별이 해왕성입니다. 이것도 뉴턴역학의 빛나는 승리였습니다.

Ⅲ. 기체 및 액체에 관한 학문, 광학의 역사

1. 과학기계

뉴턴의 시대에는 여러 가지 학문이 더불어 일어났습니다. 그것에는 자연을 관찰하는 다양한 과학기계가 만들어지기 시작한 것이 큰 원동력이 되었는데, 이번 장에서는 그러한 과학기계에 대해서 이야기하겠습니다.

원문 관측기계에 대해서 알아봅시다.

천문 관측기계로는 별의 위치로 향하게 한 직선이 수평선과 이루는 각도, 즉 별의 높이와 이 직선과 남북을 연결하는 자오면을 이루는 각도, 즉 별의 방위각을 측정하는 기계가 필요합니다. 그래서 앞에서 말한 티코 브라헤에 의해서 매우 훌륭한 것이 만들어졌습니다.

그는 먼저 토대를 돌로 굳히고, 그 위에다 20명이 대들어 커다란 관상의(觀象儀)를 옮겨다 놓았습니다.

그 기계의 각도를 측정하는 눈금은 직각을 5,400등분한 것이었습니다. 즉 1분까지 측정할 수 있었습니다.

두 번째로 만든 기계에서는 다시 그 사이에 6개의 눈금을 넣어, 즉 10초까지 측정할 수 있게 했습니다. 브라헤의 관측이 망원경이 없었던 시대에서도 놀라운 정밀도를 얻을 수 있었던 것은 이러한 관측기계를 사용했기 때문입니다.

다음으로는 시간을 측정하는 시계에 대해서 말하겠습니다.

아주 옛날에는 물시계와 모래시계가 사용되었는데, 또한 추시계도 사용되었습니다. 이것은 톱니바퀴를 짜맞춘 것에다 추를 달고, 추가 차츰 내려감에 따라 톱니바퀴를 돌아가게 하여, 그것으로 시계바늘이 돌아가게 한 것입니다. 여러분은 비둘기 시계를 본 적이 있을 것입니다. 그것이 일종의 추시계입니다.

티코 브라헤가 사용한 추시계에는 세 개의 톱니바퀴가 사용되고, 그 하나에는 1,200개의 톱니가 새겨져 있었다고 합니다.

그러다가 흔들이시계(진자시계)가 쓰이게 되었습니다. 이것은 흔들이가 한 왕복에 요하는 시간은, 그 진폭이 작아져도 거의 일정하다는 것을 이용한 것입니다. 이것을 '흔들이의 등시성'이라고 하는데, 이것은 최초 갈릴레오에 의해 피사의 사원에 매달린 램프의 관찰에서부터 얻어졌다는 것은 이미 앞에서 말했습니다. 갈릴레오는 이것을 이용하여 흔들이가 한 번 흔들릴 때마다 톱니바퀴의 이가 한 개씩 진행하게 하여 작동하는 시계를 만들려고 생각하고 있었습니다. 그는 병상에서 제자 비비아니라는 사람에게 이런 생각을 전달했다고 합니다.

그러나 실제로 흔들이시계를 최초로 만든 사람은 뉴턴과 같은 무렵의 네덜란드인 크리스챤 호이겐스입니다. 그는 1673년, 『흔들이시계』라는 책을 출판했습니다. 이것은 1687년 출판된 뉴턴의 『프린키피아』와 함께 빼놓을 수 없는 책입니다.

그는 이 책에서 흔들이시계의 제작 및 발명, 흔들이에 의한 중력상수의 측정, 길이의 단위로서 주기 1초의 흔들이의 실의 길이를 사용하면 좋을 것이라는 생각을 말한 다음, 갈릴레오가 실험한 등가속도운동, 즉 낙체 및 빗면 위에 있는 물체의 운동에 대해서 논하고 있습니다. 그 무렵까지의 흔들이(진자)는 실이나 가느다란 막대 끝에 추를 단 오늘날의 '단진자(單振子)'인데, 그는 이 책에서 더 복잡한 구조의, 현재의 이른바 '물리진자(物理固辰子)'에 대해서 기술하고 있습니다.

이와 같이 이론적인 고찰을 거쳐 1657년, 그는 최초의 흔들이시계를 만들었습니다. 이것이 뒤에 물리학의 발전에 얼마나 기여했는지는 헤아릴 수 없을 정도입니다.

또 호이겐스는 『흔들이시계』 가운데서, 반경 r인 원주상을 일정한 속도 V로 달려가는 물체의 원의 중심으로 향하는 가속도는 V^2/r과 같다는 것을 밝히고 있습니다. 이것은 뉴턴이 만유인력을 발견하는 데에 매우 중요한 도움을 준 것입니다.

여기서 시계에 대한 이야기를 마치고 다음은 먼 곳의 물체를 보는 망원경의 이야기로 넘어가겠습니다. 이것은 갈릴레오와 뉴턴을 이야기한 대목에서 이미 언급한 바 있습니다.

갈릴레오가 만든 망원경은 볼록렌즈와 오목렌즈를 짜맞춘 것으로서, 그 중앙에 십자선을 그어 별의 모습이 십자선과 겹쳐지는 것을 보고 시간을 확실히 측정하는 방식입니다. 이런 형식의 것은 최초 1611년 케플러에 의해 만들어졌습니다. 그 후 뉴턴이 반사망원경을 만들었다는 것은 뉴턴의 이야기에서 말했습니다.

볼록렌즈와 오목렌즈를 사용하는 형식의 현미경도 이 시대에 만들어진 것입니다.

2. 한란계, 기압계

이 무렵부터 기체에 관한 연구가 잇따라 이루어졌는데, 그것에는 온도를 측정하는 한란계와 기체의 압력을 측정하는 기압계가 중요한 역할을 하고 있습니다. 우선 한란계의 이야기부터 하겠습니다.

사람에게는 더위나 추위를 느끼는 감각이 있습니다. 이것이 정확하지 않다는 것은, 이를테면 같은 목욕탕의 온도라도 사람에 따라 따뜻하게 혹은 차갑게 느끼는 것으로 알 수 있습니다.

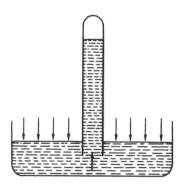

〈그림 10〉

이러한 부정확한 감각이 아닌 좀 더 과학적인 온도의 측정방법
이 필요했습니다. 이 목적에 들어맞는 측정방법이 갈릴레오에
의해 최초로 만들어졌습니다.

　갈릴레오가 아직 파도바대학에 있을 무렵, 어느 날 유리공에
기다란 관을 달고, 약간 데운 뒤, 그것을 물이 담긴 그릇 속에
거꾸로 세우자, 관이 식는 데에 따라서 그릇 속의 물이 관 속
으로 들어오는 것을 발견했습니다. 이것은 처음에 데워져서 팽
창한 유리공 안의 공기가 식어지는 동시에 수축했기 때문에 그
몫만큼 그릇 속의 물이 침입한 것입니다. 갈릴레오는 이 방법
에 의해 온도를 측정해보기로 했습니다.

　이것은 물리학의 역사상 매우 중요한 사건이었습니다. 온도
와 같은 파악하기 힘든 것을 이와 같은 물리현상을 사용하여
측정할 수 있게 되었기 때문입니다. 갈릴레오의 이 실험은 후
대에 색깔을 전자기파의 파장으로 바꾸거나, 소리의 높이를 진
동수로써 측정하는 근대물리학의 선구가 된 것이라고 할 수 있

을 것입니다.

갈릴레오가 고안한 한란계는 공기의 팽창과 수축으로 수면이 움직이는 것을 이용한 것인데, 뒤에서 설명하겠지만 수면은 외부의 기압에 의해서도 변화하기 때문에 그러므로 온도의 영향만을 순수하게 측정하기에는 적당하지 않았습니다. 아직 기압에 대한 학문이 진보하지 않았던 당시로서는 어쩔 수 없는 일이었습니다.

기압의 영향을 배제하려면 현재 우리가 사용하고 있는 체온계처럼, 유리관의 양끝을 닫고 그 속에 수은을 봉입하여 그 수축과 팽창을 이용하면 됩니다. 이런 형식의 한란계도 역시 갈릴레오 시절에 이탈리아에서 만들어졌다고 전해지고 있습니다. 얼음과 염의 혼합물의 온도를 0도로 하고, 물의 끓는점을 212도로 하는 파렌하이트(Gabriel Daniel Fahrenheit, 1686~1736)의 한란계의 눈금(화씨 눈금)은 1724년, 얼음과 물이 공존할 때의 온도를 0도로 하고 물이 끓는 온도를 100도로 하는 셀시우스(Anders Celsius, 1701~1744)의 한란계의 눈금(섭씨 눈금)은 1742년에 정해졌습니다.

한란계에 대해서는 이것으로 마무리하고, 다음에는 기압계로 옮겨 갑시다.

기압을 측정하는 일 역시 갈릴레오에서 비롯되었습니다. 왜냐하면 갈릴레오가 죽은 이듬해, 그의 제자 토리첼리에 의해 최초의 실험이 이루어졌기 때문입니다. 토리첼리의 실험은 수은을 가득히 채운 긴 유리관의 한끝을 닫고, 닫은 쪽을 위로 하여 수은을 담은 그릇을 세우면, 관 속의 수은이 조금씩 떨어져서 관 윗부분에 이른바 '토리첼리의 진공'을 만드는 것입니다. 그러나 전부가 떨어져 버리지는 않고 대체로 76센티미터 정도의 높이에서 수은이 멎습니다.

토리첼리는 이와 같은 관 속의 수은을 들어 올리고 있는 것은, 아래쪽 그릇에 담은 수은의 표면을 누르고 있는 대기의 압력이라고 생각했습니다. 실제로 이 생각은 옳았습니다.

이렇게 하여, 기압이라고 하는 파악하기 힘든 것도 수은주의 높이라고 하는 눈에 보이는 것으로서 측정할 수 있게 되었습니다.

하지만 기압이 어째서 발생하는 것이며, 또 그릇 속의 수은면을 아랫방향으로 누르고 있는 힘이 어째서 관 속의 수은을 떠받쳐 주는 윗방향으로의 힘으로 바뀌는가 하는 의문점들이 명확히 증명된 것은 프랑스인 블레즈 파스칼에 의한 것입니다.

3. 블레즈 파스칼

블레즈 파스칼(Blaise Pascal, 1623~1662)은 프랑스 클레르몽에서 태어났습니다.

그의 아버지는 지방 공무원이었습니다. 수학을 좋아했고 교양이 풍부한 사람이었습니다. 갈릴레오를 매우 존경하며 과학의 실험적 연구에 무척 흥미를 가지고 있었습니다.

파스칼은 일찍부터 수학에 흥미를 가지고 있었지만, 아버지는 파스칼이 먼저 그리스어와 라틴어 공부를 먼저 끝내기 전에는 파스칼이 수학공부를 하는 것을 허락하지 않았습니다.

그러나 이 젊은 천재는 허락이 날 때까지 기다릴 수가 없었습니다. 아버지가 친구와 수학에 관한 이야기를 나누는 것을 듣던 13세의 파스칼은 숯으로 삼각형의 그림을 그려 놓고, 삼각형의 내각의 합이 두 직각과 같다는 것을 자기 나름으로 증명해 보였습니다. 아버지는 깜짝 놀라 그날부터 바로 수학공부를 허락했습니다.

파스칼은 부지런히 공부를 했습니다. 그리고 17세 때에 유명한 2차곡선에 관한 논문을 완성했습니다.

마침 이 해에 아버지가 노르망디의 지사가 되어 루앙 시로 부임했습니다. 이 자리는 사법, 행정 외에 세금을 징수하는 일도 해야 했기 때문에, 아버지는 밤늦게까지 일을 해야 했습니다. 효심이 지극한 파스칼은 이것을 보고 무언가 기계적인 방법으로 이것을 해결하는 길이 없을까 하고 생각했습니다.

연구열이 왕성한 그는 50여 종의 모형을 만들어 겨우 계산기를 완성했습니다. 현재 여러 가지 계산에 사용되고 있는 계산기는 이렇게 해서 만들어진 것입니다. 파스칼은 이 계산기를 스웨덴의 크리스티나 여왕에게 바쳤는데, 편지에는 「여왕님, 이것은 펜도, 카드도 사용하지 않고서 셈을 할 수 있는 기계입니다」라고 쓰여 있습니다.

그 무렵, 토리첼리의 실험이야기가 메르센느(Marin Mersenne, 1588~1647)라는 사람에 의해 파스칼에게 전해졌습니다. 파스칼은 이 연구에 몹시 흥미를 느껴 자신도 여러 가지로 실험해 보았습니다.

토리첼리와 마찬가지로 수은으로도 해 보았지만, 그밖에도 물과 포도주를 사용하여 실험했습니다. 물의 경우에는 12미터나 되는 긴 관을 사용하여 실험하기도 했습니다. 이렇게 하여 그는 토리첼리가 옳다는 것을 증명했습니다.

그렇다면, 수은이 76센티미터나 관 속으로 올라가는 것은 도대체 어째서일까요? 그것은 대기의 압력에 의한 것입니다.

알기 쉽게 비유를 들어 설명하겠습니다.

우리는 대기라고 하는 바다의 밑바닥에 살고 있습니다. 해저에 살고 있는 물고기들은 자기 위에 있는 물의 무게만큼의 압력을 언제나 받고 있는데, 마치 그것처럼 우리도 자기의 머리 위에 있는 공기 전체의 무게를 늘 받고 있는 것입니다. 바다에 살고 있는 물고기가 해저로부터 떠올라 해면에 접근할수록 자기 위에 있는 해수가 적어져서 그만큼 압력을 받는 일이 적어지듯이, 높은 산으로 올라가면 우리 머리 위에 있는 공기가 점점 적어지고 우리가 받는 공기의 압력도 그만큼 줄어들 것입니다.

이것을 최초로 발견한 사람이 파스칼입니다. 그는 처제인 페리에라는 사람과 함께, 자기가 살고 있는 클레르몽 바로 곁에 있는 130미터쯤 되는 '퓨이 드 돔'이라는 산을 이용하여 다음과 같은 실험을 했습니다.

토리첼리의 실험장치 두 벌을 만들어 하나는 산기슭에 두고, 또 하나는 산꼭대기로 가져가서 관 속으로 올라오는 수은의 높이를 비교했습니다. 그러자, 예상했던 대로 산꼭대기의 수은주 쪽이 산기슭의 수은주에 비해 10분의 1이나 낮았습니다. 1649년 9월 19일의 일이었습니다.

산꼭대기에 올라간 페리에는 산을 내려오던 도중, 산허리에서 다시 한 번 수은주의 높이를 측정해 보았습니다. 그 높이는 산꼭대기와 산기슭과 수은주의 높이의 딱 중간 높이를 가리키고 있었습니다. 그들은 클레르몽에 있는 제일 높은 탑을 이용하여 실험을 했는데, 근소하나마 수은주의 높이에 차이가 확인되었습니다.

이리하여 파스칼은 기압의 존재를 완전하게 증명해냈습니다.

현재 사용하는 기압계는 이 장치에 약간의 개량만을 가한 것입니다.

또 하나의 훌륭한 연구가 있습니다. 1653년에 발견된 '파스칼의 원리'라 불리는 것으로서, 그것은 움직이고 있지 않는 유체(기체와 액체의 총칭) 안의 어느 일부에서 압력을 늘리면 유체 안의 모든 점에서 그만큼 압력이 증대한다는 원리입니다.

실은, 기압과 같은 아랫방향으로의 힘에 의해서 윗방향으로의 힘이 생기는 것도 이 원리(파스칼의 원리)에 의한 것입니다.

그러나 파스칼은 병약했기 때문에 1647년, 아버지는 그를 파리로 보내 요양하게 했습니다. 그러는 동안 파스칼은 차츰 신앙 문제에 잠기게 되었습니다.

1654년, 파스칼은 친구와 함께 여섯 마리의 말이 끄는 마차를 타고 축제를 보러 갔습니다. 세느강의 다리에 다다랐을 때, 선두에 있던 말이 무엇에 놀랐는지 갑자기 날뛰기 시작했습니다. 다리는 나무로 만들어졌고 난간이 없었기 때문에 그 말은 강 속으로 빠졌지만, 다행히 마구가 빠져 나가 마차만은 떨어지지 않았습니다. 그러나 감수성이 예민했던 파스칼에게는 소용돌이치는 강의 흐름과 떨어져 내리는 말의 모습이 잊기 어려운 인상으로 남았습니다. 그 해 11월, 그는 어떤 종교적인 영감을 얻었던 것 같습니다.

이듬해에 파스칼은 포르로얄의 수도원으로 들어가 신앙상의 문제에 깊이 몰두했습니다. 유명한 『팡세(Pensées)』는 이렇게 해서 쓰여 졌고 지금까지 사람들의 마음의 양식으로 읽히고 있습니다.

그 속에는 인간의 이성(理性)에 대해 적은 다음과 같은 유명한 구절이 있습니다. 「인간은 하나의 갈대에 지나지 않는다. 자연 가운데서 가장 약한 자이다. 그러나 인간은 '생각하는 갈대' 이다. 그를 죽이는 데는 우주 전체가 무장할 필요는 없다. 하나의 증기, 하나의 물방울도 능히 그를 죽일 수 있다. 그러나 우주가 그를 죽일 경우에 있어서도 인간은 그를 죽이는 자(우주)보다 훨씬 존귀할 것이다. 왜냐하면 그는 자기가 죽는다는 것, 우주가 자기보다 우월하다는 것을 알고 있지만, 우주는 그런 것을 전혀 모르기 때문이다」

1662년 8월, 40세로 세상을 떠날 때까지 파스칼은 수도원에서 신앙생활을 했습니다.

4. 오토 폰 괴리케

토리첼리의 실험에 의해서 진공이 존재한다는 것은 증명되었으나, 이것과는 다른 방법으로 진공을 만들 수는 없을까 하고 많은 사람들이 다양한 시도를 했습니다. 그 가운데서 독일의 오토 폰 괴리케(Otto von Guericke, 1602~1686)의 업적이 가장 유명합니다.

괴리케는 1602년, 독일 마그데부르크의 명문 집안에서 태어났습니다. 그는 1617년에 16세의 나이로 라이프치히로 유학을 갔습니다. 전란은 이곳에도 미쳐 한때는 엘름스테드로, 다시 에나로 옮겨가서 법률을 공부했습니다. 그 후, 네덜란드 레이덴으로 가서 물리학과 수학을 공부했습니다. 그리고는 영국과 프랑스로 유학했다가, 1626년 고향 마그데부르크로 돌아왔습니다.

그 무렵 독일에는 '30년 전쟁'이 계속되고 있었는데, 괴리케는 그 동안 마그데부르크의 방비를 위해 바삐 돌아다녔습니다.

그러나 마그데부르크는 전쟁터가 되어 버렸고, 그 후의 괴리케의 노력은 사랑하는 마그데부르크의 부흥에 쏟아졌습니다. 1645년에는 마그데부르크의 시장으로 선출되었습니다. 이와 같이 바쁜 정치적, 사회적 활동을 하는 틈틈이 연구하여 공기펌프를 발명했습니다.

과학사가의 연구에 의해 괴리케의 공기펌프가 1641년 이전에 완성되었다는 것이 거의 확실해졌습니다. 아마도 1636년부터 1641년 사이에 그 연구가 이루어진 것으로 보고 있습니다. 그렇다면 이 연구는 1643년 토리첼리의 실험보다 앞서 있었다는 것이 됩니다.

처음에 괴리케는 단단하게 뚜껑을 덮은 통 속에 물을 가득히 채우고, 그 물을 뽑아내면 통 속이 진공이 될 것이라고 생각했습니다. 그는 통 아랫부분에 두 개의 밸브를 갖춘 공기펌프를 장치하고, 먼저 한쪽 밸브를 열어 통 속의 물을 흘려보냈습니다. 통 속은 진공이 되었을까요? 아닙니다. 통의 틈새로부터 공기가 침입하여 실패했습니다. 통의 틈새를 피치로 발라 공기의 침입을 막으려 했으나 허사였습니다.

이번에는 물을 뽑아낼 통을, 물을 가득히 담은 이보다 큰 통 속에 담그고, 그것으로부터 속에 있는 통의 물을 펌프로 뽑아내려고 했습니다. 이것이라면 어디로부터도 공기가 끼어들 일은 없을 것이라고 생각하여 시도했으나 역시 실패였습니다. 통속에는 물과 공기가 가득했습니다.

틈새가 거친 나무를 사용해서는 안 되겠다고 깨닫고, 나무 대신 구리로 만든 공을 사용하기로 했습니다. 이번에는 썩 잘되었으나, 그러는 동안에 펌프가 굉장히 무거워졌습니다. 두 사람이 대들어 움직여서 겨우 속의 공기가 빠졌구나 하고 생각할 무렵, 굉장한 소리를 내며 구리공이 산산조각이 났습니다. 구리 공이 완전한 구형이 아니었다는 것도 문제였습니다.

이번에는 조심하여 완전한 구형의 강한 구리공을 만들었습니다. 성공이었습니다.

그 무렵, 마그데부르크의 시장으로 선출되었습니다. 그는 시장으로서 평화회의에 참석하고, 또 레겐스부르크에서 열린 국민의회에도 참석했습니다. 괴리케는 언제나 「말재주가 능란하거나, 표현이 훌륭하거나 또는 토론에 능란하거나 하는 등의 일은 자연과학의 연구에는 아무 도움이 안 된다」며, 자연과학의 연구에 실험의 필요성을 주장했습니다.

때마침 1654년에 레겐스부르크에서 국민의회가 열리고, 황제 페르디난트 3세(Ferdinand Ⅲ, 1769~1824)와 많은 귀족과 의원이 참석한다는 소식을 듣고, 이때야말로 모든 사람에게 공기가 존재한다는 것을 알려줄 수 있는 좋은 기회라고 생각했습니다. 유명한 마그데부르크 반구(半球) 실험은 이렇게 해서 이루어졌던 것입니다. 그때 하나의 공 대신 두 개의 반구를 합친 것을 사용했기 때문에 '반구의 실험'이라 불립니다.

이것은 반구를 합쳐 속을 진공으로 만들어 갑니다. 처음에는 두 사람이 양쪽에서 끌어당기면 반구가 쉽게 떼어졌지만, 속이 진공으로 되어갈수록 좀처럼 떨어지지 않아 끝내는 한 쪽에 8마리씩 모두 16마리의 말로 끌어당겨도 떼어지지 않게 되었습니다. 이 실험은 굉장한 화젯거리로 곧 여러 나라로 전해졌습니다.

이 실험을 했을 때, 그는 토리첼리의 진공 이야기를 회의에 참석했던 사람으로부터 들었다고 전해지고 있습니다. 토리첼리의 실험은 이 실험보다 10년 전에 이루어진 일입니다.

그 후, 괴리케는 구리 대신 유리공을 사용하여 속이 들여다보이도록 실험을 했습니다. 그 중의 중요한 실험을 살펴보겠습니다.

촛불은 진공 속에서 꺼졌습니다. 이것은 연소에 필요한 산소가 없어졌기 때문입니다. 산소가 없어졌기 때문에 새나 물고기가 죽는 것을 볼 수 있었습니다.

공기 속의 세균이 제거되기 때문에 포도가 반 년 동안이나 신선한 상태를 유지하는 것도 확인했습니다.

이것은 소리의 학문상 중요한 실험인데, 시계를 진공 속에 넣으면 그 소리가 외부로 전해지지 않는다는 것도 알았습니다. 공기 없이는 소리가 전해질 수 없다는 것의 증거입니다.

공 속에 공기를 넣어 무게를 달고, 그것으로부터 공기를 뽑아 다시 한 번 무게를 달아서, 공기의 무게가 온도나 압력에 의해서 바뀌는 것도 발견했습니다. 이것은 후의 '보일-마리오트의 법칙(Boyle-Mariotte's Law)' 기초가 되는 실험입니다.

괴리케는 진공을 사용하여 여러 가지 실험을 했는데 그 평판은 굉장한 것이어서, 이토록 놀라운 일은 세계가 시작된 후 태양조차도 본 적이 없었을 것이라고 말할 정도였습니다.

괴리케의 이러한 연구는 라우엔부르크의 물리학 및 수학교수인 가스퍼 쇼트라는 사람이 1657년에 쓴 『수압의 역학』 및 1664년에 쓴 『희한한 기술』이라는 책에 의해 온 유럽으로 전해졌습니다. 이 책을 읽고 기체 연구를 시작한 사람으로 영국의 로버트 보일이 있습니다.

5. 로버트 보일

로버트 보일(Robert Boyle, 1626~1691)은 1626년 영국 아일랜드의 귀족 집안에서 태어났습니다. 9세 때 형과 함께 잉글랜드로 가서 이튼학교에서 공부했습니다. 여기서 4년간을 공부한 뒤 아버지에게로 돌아와서 가정교사로부터 시와 성서를 배웠습니다.

1638년에는 마컴이라는 사람을 따라 대륙으로 건너갔습니다. 먼저 네덜란드의 레이덴, 그리고 프랑스의 리옹, 스위스의 쥬네브, 이탈리아의 피렌체를 찾았습니다. 피렌체에서는 갈릴레오의 과학상의 연구를 듣고 깊은 감격에 빠지기도 했습니다. 그 후, 1644년에 귀국했습니다.

귀국 후에는 아일랜드의 자기 집에서 공부를 하며 지냈습니다. 그 무렵 영국은 내란 때문에 몹시 혼란한 상태에 있었는데, 보일은 친구들과 의논하여 이러한 정치적인 문제에는 상관하지 않고, 오로지 학문의 연구에만 전념하기 위한 하나의 모임을 만들었습니다. 이 모임은 'Invisible College(무형의 대학)'이라 불리고 후의 왕립학회(王立學會)의 근원이 됩니다. 1645년 런던에서 첫 회합을 가졌습니다. 학문의 등불이 쓸데없이 소리만 치고 다니는 사람들에 의해서가 아니라, 이와 같은 진정 학문을 사랑하는 사람들에 의해 이어져 나갔다는 것에 대해 우리는 깊은 감명을 받는 것입니다.

보일은 회합 때마다 일부러 아일랜드에서 나와서 참석하다가, 1645년에 아일랜드의 집을 처리하고 옥스퍼드로 옮겼습니다. 자기 집에 실험실을 만들어 로버트 훅이라는 사람을 조수로 삼아 본격적인 과학연구를 시작한 것은 이 무렵입니다. 무형의 대학의 회원 중에도 런던의 집을 버리고 옥스퍼드로 이사해 온 사람이 많았으며, 이 무렵의 회합은 거의 보일의 집에서 이루어졌던 것 같습니다.

무형의 대학이 왕립학회로 된 것은 1662년이며, 학회는 오늘날까지 계속 유지되고 있습니다.

보일은 가스퍼 쇼트의 책을 읽고 대기의 압력에 관한 연구에 관해 알게 되었는데, 이 연구에 깊은 흥미를 느끼고 자기도 공기펌프를 만들었습니다. 이 펌프는 괴리케가 만든 것보다도 더 잘 작동하는 것이었고, 이것을 사용하여 연구한 결과를 『공기의 탄성에 관한 새로운 연구』라는 책에 실었습니다. 1660년의 일입니다.

이 연구에 대해서는 많은 비난이 있었기 때문에 그는 더욱 철저한 연구를 하기로 했습니다. 이런 비난이 없었더라면 '보일의 법칙'의 발견도 없었을 것이라 생각됩니다.

연구결과는 다시 한 번 1662년에 발표되었는데, 그 가운데에 유명한 '보일의 법칙'이 설명되어 있습니다. 〈그림 11〉과 같이 먼저 한 쪽 끝을 닫은 유리관을 U자 모양으로 구부려서, U자의 양쪽 가지에 높이가 같아질 정도까지 수은을 부어넣습니다. 그러면 그림의 A부분에 공기가 밀봉됩니다.

다음에는 A와 반대인 쪽에 차례로 수은을 부어갑니다. 그리고 A부분의 부피가 본래의 부피의 절반으로 되었다고 칩시다. 그러면 U자관의 양쪽 가지의 수은의 높이가 그림처럼 차이가 생깁니다. 높이의 차이를 h라고 합시다.

다음에는 다시 수은을 부어서 A부분의 부피를 다시 절반으로 합니다. 본래의 부피에 비하면 4분의 1의 부피가 된 셈입니다.

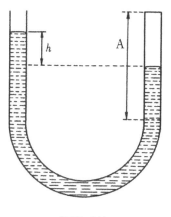

〈그림 11〉

그렇게 되면 U자관의 양쪽 가지의 수은의 높이 차는 2h가 되는 것입니다. 양쪽 가지의 수은의 높이 차는 A부분의 공기의 압력에 의해 지탱되는 셈이므로, 이것은 기체의 부피가 절반으로 되면 그 압력은 2배로 되었다는 것을 의미합니다.

이와 같은 실험을 그는 50종류의 경우에 대해 실험했습니다. 그리고 다음과 같은 결과에 도달했습니다.

기체의 압력은 부피에 반비례한다.

이것을 '보일의 법칙'이라고 합니다. 이 법칙은 1679년, 프랑스의 마리오트(Edme Mariotte, 1620~1684)에 의해 독립적으로 발견되었기에 '보일-마리오트의 법칙'이라고도 합니다.

기체에 대해서는 또 하나 샤를의 법칙이라고 불리는 법칙이 있습니다. 이것은 프랑스인 샤를(Jacques Alexandre Cesar Charles, 1746~1823)에 의해 발견된 것으로, 기체의 온도와 그 부피에 관계되는 법칙입니다. 이 샤를의 법칙과 보일의 법칙을 결합하여

'보일-샤를의 법칙'이라고 하는 법칙도 있습니다.

보일은 앞에서 말한 공기펌프를 사용하여 이밖에도 여러 가지 실험을 했습니다.

예를 들면, 공기펌프를 사용하여 공기를 배제한 관 속에서 여러 가지 물체를 떨어뜨리면, 이들 물체는 그 무게에 의하지 않고 동시에 바닥에 다다른다는 것을 알았습니다. 이것은 앞에서 말한 갈릴레오의 낙하의 법칙을 실험적으로 확인한 것입니다. 또, 뜨거운 물을 진공 속에 넣으면 갑자기 끓기 시작한다는 것도 알았습니다. 이것은 물이 끓는 온도가 공기의 압력에 의한다는 것을 보여준 실험입니다.

또 다음과 같은 실험도 했습니다. 즉 놋쇠로 만든 구면과 그것에 꼭 맞을 만한 오목한 구면을 만들고, 그것을 진공 속에서 마찰시키면 손을 댈 수 없을 정도로 뜨거워지는 것을 알았습니다. 이것이 중요한 실험이라는 것은 나중에 열에 대한 대목을 설명할 때 다시 언급됩니다.

보일은 지금 우리가 살펴 나가고 있는 물리학의 역사상 중요한 인물일 뿐 아니라, 화학의 역사상에서도 중요한 인물입니다. 여기서는 뒤에서 필요한 만큼만 그의 이 방면에서의 업적에 대해서 언급해 두기로 하겠습니다.

우선 보일은 실제로 여러 가지 물질을 분해해 보고서, 이 이상 더 분해할 수 없는 것을 물질의 원소로 생각하려고 한 최초의 사람입니다.

그리스 시대에 흙, 물, 공기, 불을 물질의 4원소라고 생각했다는 것은 앞에서도 말했지만, 깊은 의미가 있었던 것은 아닙니다. 그것에 대해 보일은 원소란 '생각'으로서 정할 것이 아니라, '실험'에 의해서 결정되어야 한다는 것을 주장했습니다.

그러므로 그때까지 연금술사가 아무리 애를 써도 분해할 수도 없고, 또 다른 물질로 바꿔 놓을 수도 없었던 금, 은, 구리, 쇠 등도 보일은 원소라고 생각했던 것입니다.

또, 보일은 오늘날 화합물이라고 불리는 것과 혼합물이라고 불리는 것을 보일은 명확히 구별하고 있었습니다.

물질의 변화에 즈음하여 본래의 물질의 성질이 완전히 상실되어 버리는 경우와, 본래의 물질이 혼합하여 남아 있는 경우가 있습니다. 산소와 질소 등으로부터 공기가 만들어지는 것은 후자의 경우입니다. 이와 같이 원소, 화합물, 혼합물의 구별을 명확히 한 것은 보일의 큰 업적입니다.

보일은 또 연소에 관한 연구도 남겼습니다. 즉 금속을 공기 중에서 가열하여 녹이 슬 때는 금속의 무게가 무거워진다는 것을 발견한 것입니다.

보일은 '물체를 가열하면 그 속으로부터 무엇인가가 튀어나오고, 그것이 금속에 부착하여 그것으로 금속의 무게가 불어나는 것'이라고 생각했습니다.

이 생각은 보일과 같은 시대의 베커(Johann Joahim Becher, 1635~1682)라는 사람에게 계승되어, 이 가열된 물체 속으로부터 튀어나오는 것이라고 생각되는 것에는 '플로지스톤(Phlogiston)'이라는 이름이 붙여졌습니다. 이 생각이 틀린 것이라는 것은 나중에 알게 되지만, 그때까지는 이 플로지스톤설을 일반적으로 믿고 있었습니다.

6. 과학과 기술

많은 사람들에 의해 기체에 관한 학문이 진보하는 한편에서는, 이와 같은 기체의 성질을 이용하여 세상에 도움이 되는 일을 하겠다는 사람이 나타났습니다. 여기서는 후에 증기기관의 선구가 되는 일을 한, 드니 파팽에 대해서 이야기하겠습니다.

드니 파팽(Denis Papin, 1647~1712)은 앞에서 흔들이시계를 말한 대목에 잠깐 언급한 호이겐스의 제자로서, 공기펌프를 사용하여 공기의 무게를 조사하기도 하고, 화약의 폭발력을 연구하기도 했습니다. 그러나 종교상의 박해를 받아 영국으로 건너가, 로버트 보일의 조수가 되어 연구를 했습니다. 오늘날 흔히 가정에서 사용되고 있는 압력솥이나 그 부속품인 안전밸브는 이 무렵 그에 의해서 고안된 것입니다.

그 후 독일의 한 영주에게 초빙되어 독일로 건너갔는데, 이곳은 파팽에게는 매우 불리한 곳이었습니다. 그래도 그는 연구를 계속했습니다.

프랑스에 있던 무렵, 호이겐스 밑에서 공부한 화약의 힘을 사용하여 오늘날 내연기관의 선구가 되는 연구를 하고 있습니다. 그것은 튼튼한 원통 속에서 화약을 폭발시켜, 통 한쪽에 끼운 피스톤을 움직이게 한다는 생각에 바탕을 둡니다. 이것에는 웬만큼 강한 원통을 만들지 않으면 안 되었기 때문에 당시로서는 실현할 수가 없었습니다.

결국, 화약 대신 수증기를 쓰기로 했습니다. 그것은 원통 속에서 물을 가열하여 증기로 만들고, 그 힘으로 통 위에 끼워 넣은 피스톤을 들어 올리는 것입니다.

그러다가 증기가 식으면, 피스톤은 외부로부터의 대기의 압력으로 내려오도록 했습니다. 그는 이 왕복운동을 이용하여 바퀴를 돌리려고 생각했으나 성공하지 못했습니다.

어쨌든 진공, 공기의 압력, 수증기의 응결과 같은 현상을 이용하여 동력을 얻는 장치를 착상했다는 것은 파팽의 업적이라 아니할 수 없습니다. 파팽의 일은 사베리(Thomas Savery, 1650~1715), 뉴커먼(Thomas Newcomen, 1663~1729) 등에 의해 계승되어 제임스 와트(James Watt, 1736~1819)에 이릅니다.

7. 윌리엄 길버트

여기서 완전히 방향을 바꾸어 전기와 자기에 관한 학문의 발달에 대해서 언급하겠습니다.

자석이 철을 끌어당기는 성질이 있다는 것, 또 자침을 실에다 매달아 두면 남북을 가리키며 정지한다는 것은 꽤 오래 전부터 알려져 있었습니다. 이것을 이용하여 나침반이 만들어졌다는 것은 앞에서 말했으나, 어째서 자침이 남북을 가리키는가에 대해서는 아무것도 모르고 있었습니다. 이 원인을 밝힌 사람이 윌리엄 길버트(William Gilbert, 1554~1603)입니다.

'자기학(磁氣學)에 있어서의 갈릴레오'라고 일컬어지는 길버트는 1540년 영국의 콜체스터에서 태어났습니다. 18세 때에 케임브리지로 가서 세인트 존스대학에서 공부했습니다. 여기서 수학을 공부하고 다시 의학을 배웠습니다. 대학을 마치고 유럽대륙으로 유학하여 영국으로 돌아온 것은 1573년이었습니다. 그리고는 런던에서 병원을 개업하였는데, 후에 엘리자베스(Eliazbeth Ⅰ, 1533~1603) 여왕의 신임을 얻어 시의(侍醫)가 되었습니다.

이리하여 그는 매우 좋은 환경 아래서 연구를 계속할 수 있었습니다.

그가 한 일은 1600년 출판된 『자석에 대하여』라는 책에 정리되어 있습니다. 그 가운데에 다음과 같은 구절이 있습니다.

신비의 발견이나 사물의 숨겨진 원인을 찾아내려는 경우, 이때까지의 교수들이나 철학자들의 억측이나 의견 따위에 의존하기보다는, 오히려 확실한 실험을 함으로써 진정 확실한 증거가 주어지는 것이다. 그러므로 여태까지 알려지지 않았던 큰 자석, 즉 지구의 훌륭한 내용이나 이 천체가 우리에게 끼치는 강한 힘을 이해하는 데는, 먼저 보통의 자석이라든가 그 밖의 자성체(磁性體)를 검토하고, 그리고 우리의 손이 닿고 우리의 감각으로 인지할 수 있는 지구의 손 가까운 부분을 연구해 보아야 한다. 그리고 더 나아가서 새로운 자기에 관한 실험으로 나아간다. 이리하여 비로소 내부로 들어갈 수 있는 것이다.

이 말은 우리로 하여금, 지상의 낙체의 실험으로부터 달의 운동에까지 미치는 뉴턴의 빛나는 사색의 발자취를 일깨워 주고 있습니다.

길버트는 자침이 어째서 남북을 가리키는가에 대해 연구를 계속하는 동안에, 이것은 지구가 커다란 자석이기 때문이 아닐까 하고 생각했습니다. 그것을 실험으로 보여주기 위해 쇠공을 만들어, 이것을 자철로 마찰한 즉, 훌륭하게 자성을 띠게 되어 남북의 극을 가리킨다는 사실을 알았던 것입니다. 그는 이것을 작은 지구(Terrella Microge)라고 일컬었습니다.

한편, 작은 자침을 이 지구 가까이로 가셔오면 그것이 작은 지구의 남북의 극을 가리키며 정지하는 것을 알았습니다. 이렇게 하여 지구가 커다란 자석이라는 것, 자침이 지구 위에서 남북을 가리키는 이유를 알았습니다. 이것은 참으로 왕성한 실험적 정신의 소산이라 할 것입니다.

참고로, 비교적 최근에 스텔머라는 사람은 북극에 나타나는 오로라를 모형적으로 설명하기 위해 역시 지형의 자석을 만들어, 이것에 일렉트론(전자)을 충돌시키는 실험을 했습니다. 그는 20세기의 길버트라고 할 수 있을른지 모르겠습니다.

앞에서 이야기한 데카르트도 이 무렵의 자기의 연구자로서 후세에 큰 영향을 남겼습니다. 그는 공간 전체가 에테르라는 유체로 가득히 채워지고, 그 각 부분이 서로 작용하여 크기도 회전속도도 다른 여러 가지 소용돌이를 만들고 있다고 생각했습니다. 그의 생각에 따르면 지구는 태양 주위의 소용돌이에 휩쓸려 움직이고 있으며, 달은 지구의 소용돌이 속에 있는 것이 됩니다.

그는 이 소용돌이의 생각을 자석에도 적용했습니다. 그는 자석 주위에 에테르의 소용돌이가 발생하고 있고, 그 소용돌이는 한 쪽 극으로부터 나와 다른 극으로 들어간다고 생각했습니다. 그리고 이 소용돌이가 철 등에 작용하여, 자석에 끌어당겨지거나 또는 떨어져나가게 하는 것이라고 생각했습니다.

이 같은 사고방식이 무의미한 것이라고는 말할 수 없습니다. 이 생각은 후에 맥스웰(James Clerk Maxwell, 1831~1879)의 '전자기장'의 사고방식에 의해 계승되기 때문입니다.

자기에 관해서는 이 정도로 하고 전기에 대해서 말하면, 진공 펌프를 만든 괴리케가 마찰에 의해 전기를 일으키는 마찰기전기를 고안하고 있는 것은 두드러진 일입니다. 그는 어린애의

머리만 한 유리공에, 녹인 황을 넣어 잘 식힌 다음 유리를 깨
뜨리고, 속으로부터 끄집어낸 황에 쇠굴대를 달아 이것을 손으
로 마찰하여 전기를 일으켰던 것입니다.

8. 빛에 관한 실험

그 무렵, 빛에 관한 학문도 활발해졌습니다.

빛의 학문에 관한 역사를 거슬러 올라가면 그리스의 유클리
드(Euclid, B.C. 330?~275?)가 빛이 거울에 의해 어떻게 반사되
는가를 연구한 것에까지 거슬러 올라갈 수 있을 것이라 생각합
니다. 물론 그 전에도 빛이 직진한다는 것은 알고 있었습니다.
빛의 직진과 반사의 문제는 빛의 학문이라고는 하지만 거의 기
하학의 문제이므로, 유클리드와 같은 기하학자에게는 안성맞춤
의 문제였습니다.

다음에 오는 것은 빛의 굴절의 문제인데 유클리드의 책에도,
병 속에 가락지를 두고 외부로부터 비스듬히 이것을 보면, 병
의 가장자리에 가려져서 가락지가 보이지 않지만, 병에다 물을
채우면 그것이 보이게 된다고 기술하고 있습니다. 그러나 그
이유에 대해서는 2세기의 프톨레마이오스가 그것은 공기로부터
물로 들어가는 광선이 양쪽 경계면의 수직선 방향으로 굴절하
기 때문이라고 말한 것이 처음입니다.

그 후 유리로 된 볼록렌즈와 오목렌즈가 만들어졌고, 빛의
굴절문제는 실제로 매우 중요해지게 되었습니다.

행성의 운동의 법칙을 발견한 케플러는 열심히 굴절의 법칙
을 조사했지만 확실한 것은 알 수 없었습니다. 처음으로 굴절
의 법칙이 밝혀진 것은 1615년, 네덜란드의 스넬리우스(Van

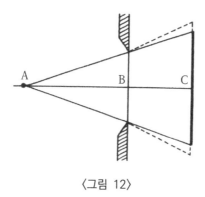

〈그림 12〉

Roijen Willebrord Snell, 1591~1626)에 의해서입니다.

빛의 학문은 1660년, 이탈리아인 그리말디(Francesco Mario Grimaldi, 1618~1663)에 의해 발표된 빛의 회절 및 간섭의 실험에 의해서 크게 진보했습니다. 먼저, 회절이라는 현상에 대해 이야기하겠습니다.

당시 사람들은 빛이 직진하는 것이라고 여기고 있었습니다. 이를테면, 빛이 작은 구멍을 통해 어두운 방안으로 빛이 들어올 경우, 어두운 방에 세워진 스크린 위에 비쳐지는 상은 구멍의 가장자리를 통해서 똑바로 들어온 빛에 의해 차단되고, 그 밖의 부분은 그림자가 되는 것이라고 생각했습니다. 〈그림 12〉에서 A를 광원, B를 벽에 뚫은 구멍, C를 암실에 설치된 스크린이라고 하면, 지금까지의 생각에서는 C의 부분에 실선으로 그려진 곳만이 밝아진다고 생각되고 있었던 것입니다.

그러나 그리말디가 실험을 해 보니 그림자부분에도 빛이 끼어드는 것 같았습니다. 즉, 빛은 마치 B의 부분에서 그림의 점선처럼 굴절하고, 따라서 스크린 위에는 그림에 점선으로 그린

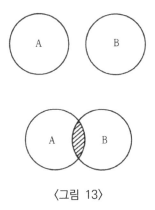

〈그림 13〉

부분만큼 상이 여분으로 보이는 것입니다. 더 자세히 관찰해 본즉 그림의 점선부분에서는 색깔이 짙어 보인다는 것이 확인되었습니다. 이 현상을 '빛의 회절'이라고 합니다. 즉 그것은 그림자부분으로 빛이 끼어드는 현상인 것입니다.

그리말디는 또 '빛에 빛을 더하면 어두워지는' 간섭현상을 발견하고 있습니다. 그것은 이런 실험입니다. 앞에서 보인 〈그림 12〉와 같은 구멍 두 개를 벽에 만듭니다. 그리고 이 두 개의 구멍으로부터 빛을 암실로 이끌어 들입니다.

두 개의 구멍의 상이 서로 떨어져 있는 동안은 앞의 회절현상 때처럼 두 개의 구멍의 상이 따로따로 비쳐지고, 그 상은 밝은 구멍의 형상 주위에서 색깔이 연하게 짙어 보일 뿐입니다 (〈그림 13〉의 위). 그러나 두 개의 구멍을 접근시키면 두 개의 구멍의 상은 겹쳐지게 되는데(〈그림 13〉의 아래), 그 겹쳐진 부분이 어두워져 보이는 것입니다.

이것을 '빛의 간섭'이라고 합니다. 이 빛에 빛을 더하여 어두워지는 실험은 그 당시의 사람들에게는 참으로 신비스럽게 보였을 것입니다.

그리말디는 다음과 같은 실험도 했습니다. 금속판 위에 가느다란 금을 긋고, 그것을 빛에 비춰 보면 아름다운 색깔이 보인다는 것입니다.

이것은 후에 빛의 굴절에 의해 일어나는 것임이 밝혀졌는데, 이 장치는 빛의 스펙트럼을 만들기 위한 '회절격자(回折格子)'로 지금도 많이 사용되고 있습니다. 이렇게 그리말디는 주의깊은 관찰을 통해 빛에 관한 많은 것을 밝혔습니다.

그 후 6년이 지난 1666년, 이번에는 뉴턴에 의해 '빛의 분산' 현상이 밝혀졌습니다. 그것은 다음과 같은 실험에 의한 것입니다.

유리의 프리즘으로 햇빛을 굴절시켜, 그것을 스크린에 받습니다. 그렇게 하면 빨강에서부터 보랏빛에 이르는 무지개의 일곱 색이 아름답게 스크린 위에 나타납니다. 이것은 뉴턴에 의해 다음과 같이 설명되었습니다.

햇빛은 원래 빨강이나 보랏빛, 그 밖의 많은 색깔의 집합입니다. 그리고 각각의 색은 공기 중에서 프리즘의 유리로 들어갈 경우, 또는 유리로부터 다시 공기 중으로 나갈 때의 굴절 정도가 조금씩 다릅니다. 평소에는 사이가 좋던 친구가 싸우고 갈라질 때처럼, 프리즘을 만나면 햇빛이 일곱 색으로 갈라지는 것입니다.

뉴턴은 이렇게 생각했습니다. 그리고 그는 각각의 색에 대해서는 스넬에 의해 발견된 굴절의 법칙이 성립한다는 것을 실험적으로 보여주었습니다. 그러므로 '빛의 분산'은 '빛의 굴절' 현상에 포함됩니다.

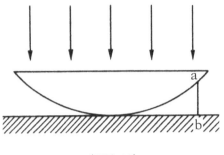

〈그림 14〉

그 후 삼년이 지난 1669년에 바르톨린(Thomas Bartholine, 1616~1680)이라는 사람이 '빛의 복굴절(複屈折)' 현상을 발견했습니다. 여러분은 방해석(方解石)을 알고 있을 것입니다. 그리고 얼음사탕과 같은 그 결정을 통해서 물체를 본 적이 있을 것입니다. 바르톨린은 방해석 결정을 통해서 책에 쓰인 글자를 보다가, 이 결정이 한 광선을 두 개의 다른 방향으로 굴절시켜 따라서 물체가 모두 이중으로 보이는 것을 발견했습니다.

흔히 볼 수 있는 현상이지만, 이것을 설명하기는 매우 어려운 일이었습니다. 즉, 빛이 그 진행방향으로 직각인 면 안에서 여러 가지로 성질이 달라져 있다고 하는 '빛의 편광'과, 그것에 '빛의 굴절' 현상이 서로 복잡하게 작용하고 있는 것입니다. 또 '빛의 편광'과 '빛의 반사'가 복잡하게 작용하고 있는 현상은 그 후 150년이나 지나서 프랑스의 말뤼스(Etienne Loius Malus, 1775~1812)라는 사람에 의해서 발견되었습니다.

바르톨린의 발견으로부터 6년 후인 1675년에는 뉴턴에 의해 이른바 '뉴턴의 링(Newton's Ring)' 실험이 이루어졌습니다. 그것은 〈그림 14〉와 같이 평면 유리판 위에 망원경의 렌즈를 두고, 위로부터 빛을 비추는 것입니다. 그러면 비추는 빛이 햇빛일 경우에는 아름다운 스펙트럼의 색환(色環)이 보이고, 빨강이나 보라 등의 단순한 색깔일 경우에는 명암의 링(고리)이 나타납니다. 이것은 렌즈의 아랫면 a에서 반사한 빛과 렌즈를 통과하여 유리면의 b에서 반사한 빛이, 간섭의 결과로 생긴 것임을 가리킵니다.

이와 같이 빛에 대해서는 이 무렵 많은 연구가 이루어지고 여러 가지가 밝혀졌는데, 그 중에서 '반사', '굴절', '회절', '간섭', '분산', '편광' 등의 현상이 그 기본적인 것입니다.

마지막으로 '빛의 속도'에 대해서 살펴보겠습니다.

옛날 사람들은 빛은 어디로나 순식간에 전해지는 것이라고 생각하고 있었습니다. 그러나 아무리 먼 곳이라도 순식간에 전해진다는 것은 꽤나 이상한 이야기로, 이 문제에 대해 날카로운 비판을 던진 것은 역시 갈릴레오였습니다. 그는 다음과 같이 하여 빛의 속도를 결정하려고 시도했습니다.

두 사람이 멀리 떨어져서 각자 등불을 들고 섭니다. 처음에는 두 사람이 모두 등불을 덮개로 가려서 빛을 감춰 둡니다. 어느 시각에 A라는 사람이 그 덮개를 벗깁니다. B라는 사람은 A로부터의 불빛이 보이면, 즉시 자기 등불의 덮개를 벗기고 불빛을 A에게 보냅니다. A는 주의하여 B로부터의 신호를 기다리고 있다가, 자기가 덮개를 벗기고 나서 B의 불빛이 자기 눈에 도달하기까지의 시간을 측정하는 것입니다. 빛은 이 시간 안에 A와 B 사이를 왕복하고 있는 셈이므로, 이렇게 하여 빛의 속도를 결정할 수 있을 것이라고 생각했습니다.

그러나 이렇게 해서 빛의 속도를 결정하는 일은 불가능합니다.

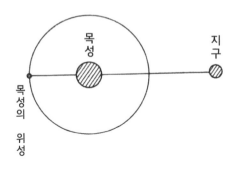

〈그림 15〉

갈릴레오의 이 생각을 회전 톱니바퀴를 사용하여 기계적으로 해서 빛의 속도가 결정된 것은 1849년, 프랑스의 피조(Armand Hippolyte-Louis Fizeau, 1819~1896)에 의해서였습니다.

갈릴레오의 실험험은 실패했으나, 뉴턴의 링의 실험이 있은 이듬해인 1676년에 덴마크의 천문학자 뢰머(Ole Christensen Römer, 1644~1710)라는 사람에 의해 처음으로 광속도가 결정되었습니다. 그것은 다음과 같이 목성의 위성의 빛을 이용하는 방법입니다.

뢰머는 1672년부터 4년간 파리의 천문대에서 목성의 위성을 관측했습니다. 목성의 위성 중에서 맨 안쪽을 돌고 있는 것은 42시간 반으로 목성을 일주합니다. 그러므로 이 위성이 〈그림 15〉처럼 목성의 그늘로 되어 보이지 않게 되는 일도 자주 있는 것입니다. 그런데 목성과 지구의 거리는 1년을 통해서 꽤 변화합니다. 그러므로 목성의 위성이 식(食)이 되는 시간을 계산해 낸 것과 실제로 보는 시간은 빛이 도달하는 시간차에 의해서 차츰 어긋나게 됩니다. 이것을 이용하여, 뢰머는 빛의 속도를 결정했던 것입니다.

그가 결정한 값은 현재 알려져 있는 정확한 값과 비교해 약간 작기는 하지만, 그렇더라도 이와 같은 방법으로 빛의 속도를 결정한 것은 훌륭한 일이었습니다.

현재 알려져 있는 빛의 정확한 값은 앞에서 말한 피조 등이 관측한 것으로서 1초에 대체로 30만 킬로미터입니다. 지구의 둘레는 약 4만 킬로미터이므로, 흔히 말하고 있듯이 빛은 1초에 지구를 7바퀴 반이나 돕니다. 이렇게 빠르기 때문에 옛날 사람이 빛이 순식간에 전해진다고 생각한 것은 무리가 아니었습니다.

9. 빛의 입자설, 파동설

빛에 관한 실험이 활발히 이루어지고, 이들 실험에 바탕하여 「빛이란 무엇이냐」는 하는 문제에 손을 댄 사람이 지금까지 자주 등장한 뉴턴과 호이겐스입니다.

뉴턴은 빛이 작은 '입자'라고 생각했습니다. 이것을 광입자(光粒子)라고 부르기로 합니다. 빛을 입자라고 생각한다면 빛에 관한 여러 가지 실험을 설명할 수 있을까요?

먼저, 빛의 '반사'는 간단히 해석할 수 있습니다. 거울에 부딪친 광입자가 벽을 향해 던져진 공처럼 튕겨지는 것이라고 생각하면 될 것입니다.

'굴절'은 어떨까요? 이번에는 좀 복잡해지지만, 그래도 다음과 같이 생각하면 일단은 설명이 될 것입니다. 〈그림 16〉을 봅시다. 빛이 공기로부터 유리 속으로 들어갈 때에 굴절하는 것을 설명한 그림입니다. 즉 광입자가 공기 중으로 유리 가까이

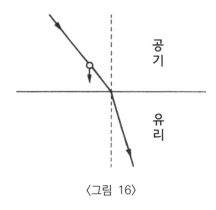

<그림 16>

까지 왔을 때 유리에 끌어당겨져서 진로가 구부러진다고 생각하는 것입니다.

다음으로 '빛의 분산'에 대해 살펴보도록 합시다. '분산'이란, 빛이 프리즘을 통과한 후 무지개의 일곱 색으로 나누어지는 현상입니다. 뉴턴은 다음과 같이 생각했습니다. 「태양광선은 원래 빨강이나 보라 등의 광입자로써 이루어져 있으므로, 그것들이 전체가 혼합되면 태양광선처럼 무색이 되어 버리는 것이다. 다만 프리즘을 통과할 때에, <그림 16>에 보인 것과 같이 광입자에 작용하는 힘이 광입자 마다 다르기 때문에, 빛의 분산이 일어나는 것이다」 좀 어색하기는 하지만, 일단은 이것으로 좋습니다. 다음은 '회절'에 대해서입니다. 뉴턴은 이것도 광입자가 벽에 만들어 둔 구멍을 통과할 때, 벽에 끌어당겨져서 진로를 약간 바꾸기 때문이라고 생각했습니다.

뉴턴의 광입자설로 극복하기 어려운 강적은 '빛의 간섭' 즉, 빛에 빛을 너하면 어두워진다고 하는 현상입니다. '빛의 편광' 보다도 좀 더 다루기 힘든 문제입니다. 이리하여 뉴턴의 광입자설은 벽에 부딪쳤습니다.

여기서 호이겐스의 '빛의 파동설'에 귀를 기울여 봅시다. 호이겐스는 빛은 '파동'이라고 생각했습니다. 그래서 먼저 파동에 대한 우리의 생각을 정리해 본 다음 호이겐스의 설로 옮겨 갑시다.

우선 파동에서 중요한 일은, 그것이 전파해 간다는 것입니다. 수면에 돌을 던지면 파문이 수면 전체로 퍼져나갑니다. 곡식을 심은 밭에 바람이 불면 아름다운 물결이 온 밭으로 번집니다. 그러나 잘 관찰해 봅시다. 전파해 가는 것은 무엇일까요?

물의 경우, 전파해 가는 것은 물의 운동상태이지 물은 아닙니다. 곡식밭에 이는 물결 역시, 전파해 가는 것은 곡식의 운동상태이지 곡식은 아닙니다. 만약 곡식이 움직여간다면 바람이 불 때마다 상훈이네 곡식이 상범이네 곡식으로 되기도 하여 야단이 날 것이므로, 이것은 매우 중요한 일입니다. 여기서 비로소 우리는 물질이 아닌 '물질의 상태'라고 하는 것을 생각하지 않을 수 없게 된 것입니다.

여기서 파동에는 '종파'와 '횡파'의 두 종류가 있다는 것을 말해 두겠습니다. 〈그림 17〉을 보겠습니다. 균질한 물이나 공기로 채워진 공간 속에 한 개의 공이 놓여 있다고 하고, 그것이 어느 순간에 갑자기 팽창했다가 수축했다가 하는 운동을 시작했다고 합시다.

팽창한 순간에는 이것에 접한 공기나 물 등의 입자가 공으로 밀어내어져서 그 밀도가 보통의 경우보다 증가합니다. 그리고 이 밀도의 증가는 바깥 공간으로 퍼져나갑니다. 이 밀도가 증가하는 파동이 왔을 때는 공기나 물의 입자는 어디서건 밀리는

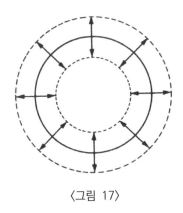

〈그림 17〉

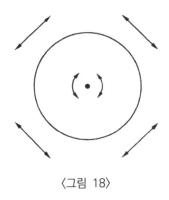

〈그림 18〉

방향으로 운동합니다.

　다음, 공이 수축했을 때는 먼저 이것에 접한 공기나 물 부분
이 공에 빨려들듯이 운동하여 이 부분의 밀도가 보통 상태보다
감소합니다. 그리고 이 밀도의 감소는 바깥 공간으로 퍼져나갑
니다. 이 밀도의 감소가 왔을 때, 이들 입자는 공에 끌려가듯이
운동합니다.

　이 모형에서 중요한 점은, 물질의 입자의 운동이 일어나는

방향과 파동이 전파하는 방향이 같다고 보는 것으로서, 이와 같은 파동을 종파라고 합니다. 우리가 알고 있는 것으로는 소리의 파동이 이 종파입니다. 다음에는 〈그림 18〉을 봅시다.

공 바깥으로 퍼져 있는 것은, 젤리와 같은 뭔가 탄성을 지닌 것이라고 생각합시다. 그리고 공의 운동은 그림에 화살표로 표시했듯이 약간 우로 돌아갔다가는 다시 생각을 고쳐 좌로 돌아가는 지그재그운동이라고 생각하는 것입니다.

이 경우에 물질의 입자는 지그재그운동의 흉내를 냅니다. 그리고 이 지그재그운동의 파동은 역시 전과 마찬가지로 공으로부터 바깥방향으로 퍼져나갑니다. 즉, 이 경우에는 물질의 입자의 운동방향은 파동이 전파하는 방향과 직각인 것입니다. 이와 같은 파동을 횡파라고 합니다. 횡파의 좋은 보기는 수파(水波)입니다.

물 위에 나뭇잎이 떠 있다고 하고, 파동이 오면 이 나뭇잎은 상하로 흔들리기만 합니다. 그리고 나뭇잎을 흔들리게 한 파동은 수평으로 퍼져나갑니다. 그러므로 수파는 횡파인 것입니다.

여기서 우리는 다시 〈그림 17〉로 되돌아가서 파동에 대한 공부를 계속하기로 합시다. 파동에 대해서 중요한 점은 그것이 전파하는 속도와 파장이라는 점입니다.

파동의 파장이란 파동의 마루(파형의 가장 높은 곳)에서부터 마루 또는 골(파형의 가장 낮은 곳)에서부터 골까지의 거리입니다. 또는 〈그림 17〉의 경우에는 밀도가 증가한 부분에서부터 다음번의 밀도가 증가한 부분까지의 거리라고 하는 편이 나을 것입니다.

그런데 파동이 전파하는 속도는 파동을 전파하는 물이나 공기 등의 성질에 의하는 것으로서, 일반적으로 밀도가 작고 탄성이 있는 것일수록 그 속을 전파하는 파동의 속도가 빨라집니다. 이것에 반해 파동의 파장은 어떤 방법으로 그 파동이 일으켜졌는가에 따라서 결정됩니다. 지금의 경우로 말하면 공이 팽창 혹은 수축을 빨리하면 할수록 파동의 파장은 짧아질 것입니다.

자, 그러면 드디어 호이겐스의 '빛의 파동설'에 귀를 기울여 보기로 합시다.

빛이 진공 속에서도 전파한다는 사실은 중요합니다. 괴리케의 실험 등에 의해 소리는 진공 속에서는 전파하지 않는다는 것을 알았으므로 문제가 없지만, 빛의 경우는 진공 속에서도 전파하기 때문에 진공 속에서도 빛을 전파하는 무엇인가를 생각하지 않으면 안 됩니다. 거기서 호이겐스는 진공 속에서도 빛을 전파하는 '에테르'라는 것을 생각했습니다. 이 에테르가 나중에 큰 문제를 일으키는데, 이 점은 나중에 다시 다루기로 합시다.

우선 첫째로, 빛의 회절이라는 것이 빛을 파동으로 생각함으로써 어떻게 설명되는가를 생각해 봅시다. 실제로 빛의 회절 현상은 앞에서 말했듯이 1660년 그리말디에 의해서 처음으로 발견된 것으로서, 그때까지는 빛은 직진하는 것이라고 생각되고 있었습니다. 즉 그만큼 빛이 그늘부분으로 끼어드는 정도는 작은 것입니다.

그런데 이것은 수파 등에서 흔히 보는 현상이지만, 파동의 파장이 장애물에 비해서 길 경우에는 파동은 유유히 이 장애물의 그늘부분으로 돌아듭니다. 파장이 짧을 경우 또는 같은 것이지만 장애물이 클 경우에는, 파동은 그늘부분으로 끼어들기

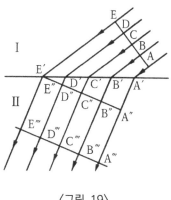

〈그림 19〉

는 하지만 그 정도가 극히 작습니다. 그러므로 빛이 그늘부분으로 끼어드는 것이 극히 작다는 것은, 빛을 파동이라고 생각했을 경우 그 파장이 극히 짧다는 것을 의미합니다. 실제로 여러 가지 방법으로 빛의 파장을 측정해 본 결과, 그 파장은 대체로 0.00004에서부터 0.00008㎝ 사이에 있는 것을 알 수 있었습니다.

이것으로 '빛의 회절'은 빛의 파동이라고 생각하여 잘 설명될 수 있다는 것을 알았습니다.

다음, 빛의 반사는 어떨까요? 수파 등의 반사를 생각하면, 이것을 빛을 파동으로 생각해서 잘 설명할 수 있다는 것을 이해하리라 생각합니다. 그러므로 바로 다음의 '빛의 굴절'로 넘어갑시다.

〈그림 19〉를 봅시다. 빛을 전파하는 공기나 물 등을 가리켜 일반적으로 빛의 '매질(媒質)'이라고 합니다. 파동의 속도가 그것을 전파하는 매질에 의해서 달라진다는 것은 앞에서도 말했

지만, 빛에서도 역시 매질마다 달라집니다. 그래서 〈그림 19〉에서 매질 I에서의 빛의 속도를 V_1으로 하고, II에서의 것을 V_2로 합니다.

그리고 〈그림 19〉에서 ABCDE로 쓴 선 위에서는 파동의 상태가 모두 같다고 합시다. 바다의 파도처럼 생각하여 그것이 파동의 산이라고 생각합시다. 그리고 1초를 지나서 이 산 가운데의 A점이 그림의 A′점, 즉 매질 I과 II의 경계에 도달했다고 합시다.

그러므로 AA′의 길이는 V_1이 되는 셈입니다. 2초 후에는 B가 B′으로, 3초 후에는 C가 C′으로, 4초 후에는 D가 D′으로, 5초 후에는 E가 E′에 도착했다고 합시다.

그런데, E가 E′에 도착했을 때 먼저 함께 산을 만들던 동료들 A′, B′, C′, D′은 어디쯤에 가 있을까요? D′은 E′보다 1초 전에 매질 I과 II의 경계에 도착했으므로, 그리고 매질 II에서의 파동의 속도는 V_2이므로, D′은 어쨌든 D′을 중심으로 하여 V_2의 반경으로 그린 원 위에 있을 것이 틀림없습니다.

마찬가지로, C′, B′, A′은 어쨌든 C′, B′, A′을 중심으로 하여 반경 $2V_2$, $3V_2$, $4V_2$로 그린 원 위의 어디엔가 있을 것입니다. ABCDE 외에 이 산에 더 많은 점을 취해서 마찬가지로 적용해 보면, 결국 E가 E′에 도착했을 때의 파동의 산은, A′을 중심으로 하여 $4V_2$의 반경으로 그린 원에 E′으로부터 그 은 꺾은선 A″ B″ C″ D″이라는 것을 알 것입니다. 그리고 이것으로부터 앞의 파동의 산은 이를테면 A‴ B‴ C‴ D‴ E‴과 같이 A″ B″ C″ D″ E″에 평행으로 진행해 갑니다. 이것으로 매질의 경계에서 파동이 굴절하는 것을 알았으리라고 생각합니다.

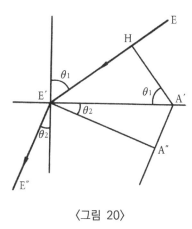

〈그림 20〉

이것을 좀 더 수량적으로 정리해 봅시다. 〈그림 19〉 중에서
광선 EE′(E″)E‴과 이것에 딸린 부분을 끄집어내어 〈그림 20〉
에 보였습니다. 흔히 하듯이 E′점에서 매질 I, II의 경계면에
수직선을 세우고, 이것과 광선 EE′ 및 E′E″이 이루는 각을 그
림에 보였듯이 각각 θ_1, θ_2 합니다. A′으로부터 EE′에 내린
수직선 끝을 H로 합니다. E′A″과 A′A″이 수직이라는 것은 평
면기하학의 정리로 금방 알 수 있습니다. ∠E′A′H=θ_1 , ∠A′
E′A‴=θ_2, HE′=4V, A′A″=4V$_2$로 된다는 것도 확인할 수 있습
니다. 이것은 곧,

$$\frac{\sin\theta_1}{\sin\theta_2} = \frac{\dfrac{HE'}{A'E'}}{\dfrac{A'A''}{A'E'}} = \frac{HE'}{A'A''} = \frac{V_1}{V_2}$$

임을 알 수 있습니다.
　이 관계는 여러 가지 매질의 경계에 있어서의 굴절실험과 그

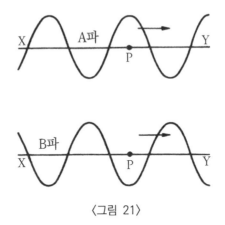

〈그림 21〉

것으로부터 각각의 매질 속에서의 빛의 속도를 조사함으로써
완전히 증명되었습니다. 그러므로 빛의 파동설은 여기에 강력
한 실험상의 지지를 얻은 셈인데, 이것이 빛의 파동설의 첫 번
째 승리입니다.

그러나 이보다 더 빛나는, 빛의 파동설의 제2의 승리는 '빛
의 간섭'에서 얻어졌습니다. 빛의 간섭은 빛의 입자설로는 도저
히 설명할 수 없다는 것은 앞에서 말했습니다. 그러나 빛의 파
동설에 의하면 간단히 설명할 수가 있습니다.

〈그림 21〉을 봅시다. 이것은 직선 XY 위를 진행하는 파동의
어느 순간의 스케치입니다. 이와 같은 모양의 파동이 그림에
보인 화살표 방향으로 계속 진행해 간다고 생각합시다. 이 파
동을 A파라고 부르기도 합시다.

다음에는 A파와 같은 모양의 B파가 같은 직선 XY 위를 A파
와 같은 속도로 진행해 간다고 합시다. 이 B파의, A파를 스케
치한 것과 같은 순간의 스케치를 〈그림 21〉 아래쪽에 그려보

았습니다. A파와 B파는 모양도 진행하는 속도도 같으나 하나만 다른 데가 있습니다. 그것은 직선 XY 위의 한 점에 있으며, 이 두 개의 파동을 관찰하고 있으면 아는 일입니다.

이 그림을 그린 순간에 P점에는 A파의 마루가 와 있는데, B파 쪽에서는 파동의 골이 와 있습니다. 잠시 시간이 지나면 P점에 A파의 골이 올 것입니다. 그 순간에 P점에 오는 것은 B파의 마루입니다. 즉,

A파에서는 마루, 골, 마루, 골

이라는 순서로 파동이 오지만,

B파에서는 골, 마루, 골, 마루

라는 순서로 파동이 옵니다. 빛의 파동에서는 마루, 골, 마루, 골의 반복이 엄청나게 빨라서, 1초 동안에 1억의 100만 배나 되는 횟수를 반복합니다. 이렇게 굉장한 반복을 하는 파동을 보고 있는 사람은 A파와 B파의 구별이 어렵습니다. 넋을 잃고 그저 「굉장한 진동이다」라고 말할 뿐입니다. 좀 더 침착한 사람이라면, 「A파와 B파의 진폭은 같았다」라고 말할 것입니다. 빛의 경우도 실제로 그와 같아서, 우리는 이 파동의 진폭의 제곱에 비례한 것을 빛의 '세기'로서 느끼는 데에 지나지 않습니다.

빛을 파동이라고 가정할 때, 그 세기가 파동의 진폭의 제곱에 비례한다는 것은 수학적으로 증명할 수 있으나, 여기서는 그것에 대해서는 생략하겠습니다. 어쨌든 우리에게는 A파도 B파도 그 세밀한 구별은 되지 않고, 그저 같은 세기의 빛으로만 느낍니다. 이 빛의 세기를 1이라고 가정합시다.

그러면 다음에는 A파와 또 하나의 A파를 동시에 XY 위로

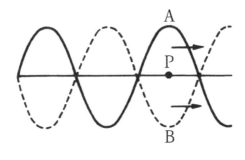

〈그림 22〉

달려가게 했을 때의 경우를 생각해 봅시다. A파는 P점을 마루, 골, 마루, 골……의 순서로 통과한다는 것은 앞에서 설명했습니다. 그러므로 A파를 2개 동시에 XY 위로 달려가게 하면, 이 파동은 P점을 (2)(마루, 골, 마루, 골……)의 순서로 통과하는 셈입니다. 괄호를 치고 2라고 쓴 것은 이 파동의 마루의 높이나 골의 깊이가 A파뿐일 때의 2배라는 것을 가리키고 있습니다. 이와 같은 마루, 골의 반복 횟수가 1초 동안에 1억의 100만 배나 되므로 우리에게는 이 파동의 정밀한 구조 따위는 알지 못하고서, 그저 먼젓번 파동의 2배의 진폭을 가진 파동이 통과했다, 또는 앞에서 설명한 이유에 의해서 먼젓번 파동의 4배의 세기의 빛이 왔다고 느끼는 데에 지나지 않는 것입니다.

　다음에는 A파와 B파를 동시에 XY 위로 달려가게 해 봅시다. 앞에서 말했듯이 A파는 P점을 마루, 골, 마루, 골……의 순서로 통과하고, B파는 골, 마루, 골, 마루……의 순서로 통과하기 때문에, 이들 두 개가 알맞게 상쇄하여 P점에 있는 사람은 진폭 제로의 파동을 보는 셈으로, 즉 빛이 오지 않았다고 생각하는 것입니다. 그 상태를 〈그림 22〉에 그려두었습니다.

지금까지의 것을 정리하면,

A파에 대한 빛의 세기	1
B파에 대한 빛의 세기	1
A파+A파에 대한 빛의 세기	4
A파+B파에 대한 빛의 세기	0

가 됩니다. 마지막의 경우가 '빛에 빛을 더하여 어둠이 생기는' 경우입니다. 이렇게 하여 빛을 파동이라고 생각하면 '빛의 간섭' 현상도 설명이 가능합니다.

다음에는 '빛의 분산' 즉, 빛이 무지개의 일곱 색으로 나누어지는 현상을, 빛을 파동이라고 가정했을 때 어떻게 설명할 수 있을지 알아봅시다.

파동의 특성으로 그것이 전파하는 속도와 파장이 있다는 것을 앞에서 설명했습니다. 무지개의 일곱 색은 이 특성 중의 파장이 각각 다르게 되어 있다는 것입니다. 만약, 무지개의 일곱 색 파동이 전해가는 속도가 각각 다르게 되어 있다고 생각하면 어떤 것을 보았을 경우, 최초에 그것이 빨갛게 보이고 마지막에 보랏빛으로 보이는 것과 같은 현상이 일어나게 됩니다.

그러나 이런 일은 실제로는 일어나지 않습니다. 결국, 무지개의 일곱 색이 전파하는 속도는 같고, 그저 그 파장이 다르게 되어 있다고 생각해야 합니다.

이렇게 하여 빛을 파동이라고 생각함으로써 '직진', '회절', '반사', '굴절', '간섭', '분산' 등의 빛에 관한 여러 현상을 잘 설명할 수 있다는 것을 확인했습니다.

마지막으로 '빛의 편광'의 설명과 빛의 파동은 종파냐 횡파냐

하는 문제가 남았는데, 이것은 훨씬 뒤에 가서 설명하는 것이 좋으리라 생각합니다. 여기서는 그저 빛의 파동은 횡파이고, 그 편광 현상도 그것에 의해서 잘 설명할 수 있다는 것을 말해 두는 것으로 그치겠습니다. 이렇게 빛의 파동설은 각 방면에서 그 정당성이 증명되었습니다.

Ⅳ. 열학, 기체분자 운동론, 전자기학의 역사

1. 여러 가지 학문

각 방면의 학문이 더불어 일어난 17세기의 일은 이쯤으로 해 두고, 이번에는 그들 학문의 흐름을 더듬어 18세기에서 19세기로 가보겠습니다. 이하에서는 시대의 순서에는 구애받지 않고, 그저 각 학문의 흐름에 따르기로 합니다.

그러면 먼저 '열이란 무엇인가' 하는 문제의 흐름을 따라 내려가기로 합시다.

2. 열 실체설의 실패

옛 사람들에게 '열이란 무엇인가' 하는 것은 무척 어려운 문제였던 것 같습니다. 처음에 열은 어떠한 실체라고 생각되었던 것 같습니다. 불 속에 있는 실체가 플로지스톤이라고 불렸듯이, 열의 실체는 칼로릭(Caloric)이라고 불렸습니다.

칼로릭은 물과 비슷한 구석이 있습니다. 여러분도 잘 알다시피, 높은 온도의 것과 낮은 온도의 것을 접촉시키면, 높은 온도의 것으로부터 낮은 온도의 것으로 칼로릭이 흘러가서 마침내 양쪽 것이 같은 온도로 되었을 때 이 칼로릭의 흐름은 멎습니다. 마치 물이 높은 곳으로부터 낮은 곳으로 흘러가서, 양쪽 높이에 차이가 없어졌을 때 흐름이 멎는 것과 같은 이치입니다.

또 다음과 같은 점도 물과 흡사합니다. 어떤 용기에 물을 부으면 그 수면이 차츰 높아지는데, 마치 그와 같이 어떤 것을 가열하여 칼로릭을 부어 넣으면 그것의 온도가 올라갑니다. 그러나 같은 용기라고 해도 〈그림 23〉의 A처럼 바닥면적이 넓은 용기가 있는가 하면, B처럼 바닥면적이 좁은 용기도 있습니다. 이 양쪽 용기에 같은 양의 물을 넣어도 A쪽은 그다지 높아지

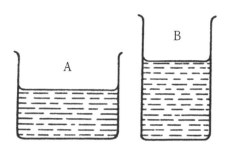

〈그림 23〉

지 않는데도 B쪽의 수면은 훨씬 높아집니다.

열현상도 이것과 비슷합니다. 화로로 물을 끓일 때는 더운물 쪽은 조금도 온도가 올라가지 않는데도 곁에 있는 화로의 부젓가락 쪽 온도가 자꾸 높아집니다. 즉, 물의 온도를 1도 올리는 데에는 많은 칼로릭이 필요하지만 쇠의 온도를 1도 올리는 데에는 그렇게 많은 칼로릭이 필요하지 않습니다. 앞의 예로 말하면 물은 바닥 면적이 넓은 A쪽 용기이고, 쇠는 바닥 면적이 좁은 B쪽 용기에 해당하는 셈입니다.

열의 학문에서, 어떤 것의 온도를 1도 올리는 데에 요하는 열량을 그 물질의 '열용량'이라고 부르고 있는데, 이것은 실험에 의해 결정할 수 있습니다. 열용량을 알았다는 것은 〈그림 24〉로 말하면, AB와 같은 용기의 바닥면적을 알았다는 것에 해당합니다. 그러므로 열용량을 알면 다음과 같은 문제는 금방 풀 수 있습니다.

문제: 어떤 온도의 A 물체와 이것과는 다른 온도의 B 물체를 접촉시키면, 결국 양자는 같은 온도가 되는데 그 온도를 구하라. 다

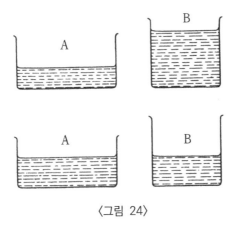

〈그림 24〉

만, AB 두 물체의 열용량은 알고 있는 것으로 한다.

이것을 용기에 물을 넣는 문제로 해 봅시다.

문제: 어느 높이까지 물이 담긴 용기 A와 이것과는 다른 높이까지 물이 담긴 용기 B가 있다. 이것을 혼합하여 양쪽 용기의 물의 높이를 같게 했다고 가정하고 그 높이를 구하라. 다만, AB 두 용기의 바닥면적은 알고 있는 것으로 한다.

이 문제라면 초등학교 학생도 풀 수 있을 것입니다. 그런데 중요한 점은 이렇게 해서 얻어진 답을 온도로 환산한 것과, 뜨거운 쇠공을 물속에 던져 넣는 실험을 한 결과로 얻어진 온도를 비교하면, 딱 예측한 온도가 나온다는 것입니다.

이것은 즉 열을 칼로릭이라고 하는, 뭔가 물과 흡사한 실체라고 생각하는 편이 낫다는 것을 가리키고 있습니다. 그러나 여기에도 차츰 곤란한 문제가 나타납니다.

첫째는 1748년에 러시아의 화학자 로모노소프(Mikhail Vasilievich

Lomonosov, 1711~1765)에 의해 최초로 발견되고, 후에 영국의 화학자 블랙(Joseph Black, 1728~1799)에 의해 확인된 다음과 같은 현상입니다. 얼음이 녹을 때, 아무리 이것을 가열해도 조금도 온도가 올라가지 않는다는 실험입니다.

이 실험은 열의 실체설(實體說)로서는 해결하기 어려운 문제였습니다. 〈그림 23〉의 표현방법으로 말하면, 용기에 물을 넣어도 조금도 수면이 높아지지 않는다고 하는 것이므로 어려운 문제임에 틀림없습니다. 또 이와는 정반대의 현상도 있습니다. 그것은 이 책의 첫 페이지에서 말한 것으로서, 물체와 물체를 서로 마찰하면 뜨거워져서 마침내 불을 일으키는 현상입니다.

〈그림 23〉의 방법으로 말하면, 조금도 물을 붓지 않는데도 수면의 높이가 자꾸 높아져 간다고 하는 것이므로 마치 마술과 같은 이야기입니다. 이것도 마찬가지로 열의 실체설에는 매우 어려운 문제였지만, 이쪽은 그래도 용케 해명하고 넘어간 실체론자가 있습니다.

그들의 해명은 이렇습니다. 물체를 서로 마찰하면 마찰에 의해서 그 물체의 열용량이 바뀐다는 것입니다. 〈그림 23〉의 표현방법으로 말하면, 마찰을 함으로써 용기의 바닥면적이 자꾸 작아진다는 것입니다. 이렇게 생각하면 아주 적은 열이 주어지기만 해도 온도가 훨씬 높아질 것이 틀림없습니다.

그러나 이 최후의 희망도 깨뜨려질 만한 실험이 마침내 나타났습니다. 그것은 럼퍼드(von Benjamin Thompson Rumford, 1753~1814) 백작에 의한 실험입니다. 우리는 앞으로 열학(熱學)의 역사를 따라가면서, 열학을 만들어 낸 사람들이 전문 물리학자가 아니라, 일견 물리학과는 인연이 먼 직업의 사람들뿐이라는 사실에 놀라게 됩니다. 럼퍼드 백작 역시 그러했습니다.

그의 본명은 '벤자민 톰슨'으로, 미국 태생의 사람입니다. 젊었을 적에 영국에 와서 많은 사회사업을 하여 명성을 높이고, 1784년에 독일 뮌헨으로 가서 병기를 제조했습니다. 또 바이에른 왕국의 육군대신이 되었고, 그 공적으로 백작 작위가 수여되어 럼퍼드 백작이라고 불리었습니다. 그 후 영국으로 돌아왔다가 다시 프랑스로 건너가 나폴레옹 황제를 보좌하다가 1814년 세상을 떠났습니다. 그의 열의 본성에 관한 고찰은 뮌헨에 있을 때에 이루어진 것으로, 그의 이야기에 잠시 귀를 기울여 보기로 합시다.

일상생활에서의 일이나 사건 속에서 자연의 가장 불가사의 한 작용을 보는 좋은 기회가 꽤나 많이 있습니다. 물건을 만든다는 단순한 목적으로 연구된 기계를 사용하여 거의 아무런 수고도 비용도 들이지 않고, 매우 흥미 있는 학문상의 실험이 이루어지는 일도 자주 있습니다. 내게는 이와 같은 관찰을 할 수 있는 기회가 여러 번 있었습니다. 그리고 일상생활 속에서 일어나는 모든 일에 주의하는 습관은 철학자의 특히 연구에 충당한 시간에서의 명상보다도, 도리어 우연하게 또는 극히 당연하게 보이는 것을 보고 제멋대로 공상의 날개를 펼침으로써 쓸모 있는 의문, 또는 효과적인 연구나 개량을 위한 계획으로 우리를 이끌어가는 것이라고 믿기에 이르렀습니다.

뮌헨의 병기창에서 대포의 천공작업을 감독하고 있었을 때, 천공에 따르는 약간의 시간 사이에, 놋쇠로 만든 포신이 몹시 가열되는 것에 놀랐습니다. 천공기에 의해 포신으로부터 분리된 놋쇠조각은 한층 강한 열을 지니고 있는 것입니다. 내가 실험한 바로는 그것은 끓는 물보다도 더 많은 열을 가지고 있습니다.

이 정도의 관찰로 끝났다면, 럼퍼드 백작도 나무와 나무를 마찰시켜 불을 일으켰던 미개인과 크게 다를 바가 없다고 하겠지만, 그러나 럼퍼드 백작은 열의 실체론자의 마지막 도피처였던 「그것은 마찰을 함으로써 놋쇠의 열적인 성질이 바뀌었을 것이다. 〈그림 23〉의 예로 말하면 용기의 바닥면적이 바뀌었을 것이다. 또는 더 고상한 말로 한다면, 마찰에 의해서 놋쇠의 열용량이 바뀌었을 것」이라는 의견에 날카로운 비판을 가하여 학문의 새로운 길을 개척했던 것입니다.

그는 다음과 같은 실험을 했습니다. 대포에서 도려낸 놋쇠조각과 같은 무게의 다른 놋쇠조각을 가져와서, 먼저 양쪽을 물이 끓는 온도로까지 가열합니다. 다음에 이 두 개의 놋쇠조각을 같은 온도에서 같은 부피의 찬 물이 담긴 용기에 던져넣습니다.

만약 대포에서 도려낸 놋쇠의 열용량이 보통의 놋쇠의 열용량과 다르게 되어 있다고 하면, 두 용기에 담긴 물의 온도도 결국은 다른 온도로 될 것이 틀림없습니다.

그런데 실제는 어떠했을까요? 양쪽 용기의 물의 온도는 같은 온도가 되었습니다. 추리의 실을 거꾸로 더듬어가면, 마침내 열을 실체로 생각하는 것의 부당성이 이 실험으로 가리켜진 것이 됩니다.

그렇다면 도대체 열이란 무엇일까요? 우리의 물음은 다시 출발점으로 되돌아왔습니다. 낙심하지 말고 다시 다른 길을 더듬어보기로 합시다.

3. 열에너지

독일에 로버트 마이어(Julius Robert Mayer, 1814~1878)라는 의사가 있었습니다. 럼퍼드가 열은 실체가 아니라고 하고 난 이후로 50년이 지났을 때입니다. 열학의 창시자들이 그러했듯 마이어도 전문 물리학자는 아니었습니다. 그가 열학에 흥미를 가지게 된 것에는 다음과 같은 에피소드가 있습니다.

본국에서 의학을 공부한 뒤 그는 자바를 왕래하는 배의 선의(船醫)가 되었습니다. 그리고 선원들을 진찰하고 있는 동안, 놀랍게도 선원들의 정맥의 피가 몹시 붉다는 것을 발견했습니다. 마치 동맥의 피처럼 빨간 것입니다. 이것은 더운 열대를 여행하는 사람들에게서 흔히 발견되는데, 마이어는 이것에 큰 흥미를 느꼈던 것입니다.

본래 동맥의 피가 붉은 것은 산소가 많이 섞여 있어 산화작용을 일으키는 것이므로, 그렇다면 열과 산화작용 사이에 무언가 관계가 있을 것이 틀림없다, 열은 '실체'가 아니고 '작용'이 아닐까 하는 생각들을 정리하여 마이어는 1840년, 잡지에 이를 발표하려고 했습니다.

그러나 이런 괴상한 논문은 곤란하다 하여 거절을 당했습니다. 할 수 없이 1842년 다른 잡지에다 이 논문을 발표했습니다. 이 논문은 그리 학계의 주목을 끌지는 못했으나, 열이 물질이 아니라는 것을 분명히 말했다는 점에서 중요한 논문입니다.

1842년 줄(James Prescott Joule, 1818~1889)의 유명한 실험이 있었는데 그 이야기는 뒤로 돌리기로 하고, 여기서는 마이어의 연구의 뒤를 쫓아가 보기로 합시다. 1850년 발표된 그의 「열의 일 당량(當量)에 관한 논문」에 나타난 다음과 같은 고찰

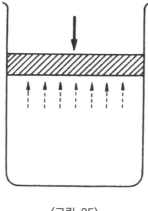

〈그림 25〉

입니다. 앞에서 열용량이라는 말의 의미를 말했는데, 그것은 어떤 물질의 온도를 1도 올리는 데에 요하는 열량이었습니다. 그런데 마이어는 당시에 하고 있던 기체의 열용량에 관한 다음과 같은 실험에 주목했던 것입니다.

수소 2그램을 가져와서 이것을 가열해보기로 합니다. 그 중의 1그램은 밀폐된 용기에 넣어, 부피의 팽창이 일어나지 않도록 하여 가열합니다. 〈그림 25〉처럼 세 쪽은 용기로 에워싸지만, 나머지 한 쪽만은 피스톤으로 에워싸고, 이것에 그림과 같이 추를 얹어 일정한 압력을 걸어가면서 가열합니다. 이 경우는 가열하면 기체는 팽창하여 위에서부터 걸어준 추의 압력에 저항하면서 부피를 증가시켜 갑니다.

이와 같이 두 개로 나누어 따로따로 열용량을 측정했는데, 이상하게도 수소를 밀폐하여 가열했을 때의 열용량은 2.4칼로리인 데도, 부피의 팽창을 자유롭게 했을 때의 열용량은 3.4칼로리였습니다. 이 칼로리 차이는 어째서 일어났을까요? 차이라면 단지 1칼로리를 여분으로 소비한 경우에는 기체가 추의 압력에 저항하여 조금 팽창한 것뿐입니다. 이 실험의 결과로부터 마이어는 대담하게도 「열량은 압력에 저항하여 부피를 증가시키는 능력」이라고 했는데, 사실은 이것은 옳은 대답이었던 것입니다.

일정한 압력에 저항하여 부피를 증가시키기 위해서는 보통 어떤 일을 하지 않으면 안 됩니다. 그러므로 '압력에 저항하여 부피를 증가시키는 능력'이라고 까다롭게 말하지 말고, 간단히 '일을 할 수 있는 능력'이라고 해도 되는 셈입니다. 이런 의미의 말에 '에너지'라는 단어가 있습니다. 그러므로 「열이란 일을 할 수 있는 능력이다」 또는 「열은 에너지다」라고 하는 것이 마이어의 결론이고, 그것이 옳은 대답이었던 것입니다. 에너지를 '일을 할 수 있는 능력'이라고 번역한 데에는 다음과 같은 까닭이 있습니다.

에너지라는 말에는 어딘지 '저금'이라는 말과 비슷한 구석이 있습니다. 어떤 사람이 열심히 일을 하여 약간의 돈을 벌었다고 하고, 그 사람은 번 돈을 당장에라도 자기에게 도움이 되게 쓸 수도 있지만, 또 일시적으로 저금을 해 두었다가 무언가 필요할 때에 그것을 꺼내 쓸 수도 있는 것입니다.

에너지라는 말에도 역시, 꺼내기 전에는 일을 할 수 없다는 면에서 비슷합니다. 일을 할 수 있는 능력이라고 번역한 것은 그런 의미를 나타낸 것입니다. 그래서 수소를 부피의 팽창을 허용하면서 가열한 예를 들어 말하면, 먼저 수소를 가열하는 일을 우리가 해 줍니다. 그러면 수소에 일을 할 수 있는 능력, 즉 에너지가 주어집니다. 지금의 경우에는 수소 부피의 팽창을 허용한다고 하듯이, 이 에너지의 저축이 금방 일로 바뀔 만한 메커니즘으로 해 두었기 때문에, 이 일을 할 수 있는 능력이 금방 압력에 저항하여 부피를 증가하는 눈에 보이는 일로 되어 버린 것입니다.

조금 깊이 들어가서 에너지라는 말을 설명했으나, 이 설명에 의거하여 열 이외의 에너지를 찾아봅시다. 높은 곳에 있는 돌은 그대로 방치해 두면 그대로 있지만, 아래로 떨어지면 그 밑에 있던 물체를 파손시키는 따위의 몹시 나쁜 일을 합니다. 그러므로 높은 곳에 있는 것은 어떤 형태로서의 에너지를 가지고 있는 듯합니다.

이 에너지를 '위치에너지'라고 합니다. 위치에너지는 그 물체의 질량을 m, 어느 곳으로부터 잰 높이를 A, 중력에 의한 가속도를 g로 했을 때

위치에너지 $= mgh$ ·················· (1)

로 되는 것을 수학적으로 증명할 수 있습니다. 이 돌의 경우에도 위치에너지가 돌에 저장되려면, 우리가 땀을 흘려 그것을 높은 곳으로 들어 올리는 일을 하지 않으면 안 된다는 점을 기억합시다. 달려가고 있는 것 역시, 물체에 충돌하면 물체를 파손시키는 따위의 일을 합니다. 그러므로 달려가고 있는 것도 어떠한 형태의 에너지를 가지고 있는 것이 틀림없습니다. 이것을 '운동에너지'라고 말하고 있습니다. 질량이 크면 클수록 또 속도가 빠르면 빠를수록 파괴력이 큰 점을 생각해서, 옛날 사람들은 운동에너지는 달려가고 있는 것의 질량 m과 속도 V의 곱과 같다고 생각하고 있었습니다. 이것은 잘못된 것이고, 실제

로는

$$운동에너지 = \frac{1}{2} mV^2 \cdots\cdots\cdots\cdots (2)$$

이라는 것이 밝혀지기까지는 꽤나 많은 세월이 걸렸습니다. 어쨌든 운동에너지에 대해서 위와 같은 옳은 형태를 부여한 최초의 사람은 코리올리(Gaspard Gustave de Coriolis, 1792~1843)로서 1829년의 일입니다. 앞에서 말한 열의 에너지가 열량 Q (칼로리라는 단위로 측정하기로 합니다)에 비례하리라는 것은 금방 알 수 있는 일인데, 실제로 이것은 옳은 것이며,

$$열에너지 = \alpha Q \cdots\cdots\cdots\cdots (3)$$

라는 형태로 되는 것을 압니다. 에너지는 '일을 할 수 있는 가능성'이지만, 이야기의 형편상 '일'의 표현방법에 대해서도 덧붙여 두기로 합시다. 일정한 압력 P에 저항하여 부피 V만큼 팽창하는 일은

일정한 압력 P에 저항하여 부피 V만큼

팽창하는 데에 필요한 일 = PV $\cdots\cdots\cdots\cdots$ (4)

마찬가지로 하여,

일정한 힘 F에 저항하여 거리 S만큼

움직이는 데에 필요한 일 = FS $\cdots\cdots\cdots\cdots$ (5)

라는 것이 가리켜집니다. 이제 마이어의 이야기로 되돌아가기로 합시다.

　수소의 '비열(比熱)' 측정에서 안 것은, 1칼로리의 열을 여분

으로 소비함으로써 일정한 압력에 저항하여 부피가 증가했다는 것입니다. 이것은 ⑶의 형태의 에너지가 ⑷의 형태의 일로 되었다고 생각할 수 있습니다. 저금해 둔 돈은 끄집어내어도 역시 본래의 금액대로 쓸 수 있듯이, 이 경우에도 ⑶과 ⑷는 같을 것이 틀림없습니다. 이것으로부터

$$\alpha Q = PV \qquad \text{⑹}$$

라는 등식이 얻어지는데, 수소의 열용량의 측정의 경우, 1칼로리를 여분으로 사용하여 팽창시킨 경우의 압력 P와 부피 V를 측정함으로써, 우변이 '에르그'라는 일의 단위로 4.2×10^7이라는 값으로 되는 것을 알았습니다.

　여기서 나온 '에르그(erg)'라는 단위에 대해 약간 설명을 하겠습니다. 앞에서 말했듯이 h의 높이에 있는 m그램의 질량은 mgh인 크기의 위치에너지를 가지고 있습니다. 또는 m그램의 질량의 물체를 높이 h만큼 들어 올리는 데는 mgh만큼의 일을 필요로 합니다. 이 공식을 사용하여 생각하면 질량 1그램의 물체를 1센티미터만큼 들어 올리는 데에 980에르그의 일이 필요하다는 것을 압니다. 이것으로부터 생각하면 1에르그라는 일이 무척 작은 것임을 알 수 있을 것입니다.

　한편, Q는 칼로리를 단위로 하여 측정한다는 전부터의 약속에서 지금의 경우 Q=1입니다. 이들의 값을 ⑹에 대입하여 α =4.2×10^7을 얻습니다.

　이 값을 ⑶에 대입하여,

$$\text{열에너지} = 4.2 \times 10^7 Q \qquad \text{⑶}$$

가 얻어지는데, Q의 단위는 전에 말했듯이 칼로리입니다. ⑶은

말로 하면 「1칼로리의 열량을 갖는 열에너지는 4.2×10^7에르그」가 됩니다.

기체로서 수소 대신 다른 여러 가지 기체를 사용하여 얻어지는 결과는 언제나 (3)과 같았습니다. 이것이 사람들에게 열은 에너지라고 확신시키기에 이른 것인데, 이밖에도 또 하나의 실험이 있어서, 그것이 열의 에너지설의 기초를 확고한 것으로 만들었습니다.

그것은 마이어의 고안에 앞서 1842년에 행해졌던 줄의 실험입니다. 줄이라는 사람도 다른 열학의 창시자들과 마찬가지로 물리학을 전문으로 하는 사람은 아니었습니다. 그는 영국에서 술을 만드는 양조업자였습니다. 마이어는 '열에너지'에 '일'을 시켜서, 그것으로부터 1칼로리의 열량을 갖는 열에너지를 끌어냈습니다. 줄은 일을 하여 그 결과로 얻어지는 열량으로부터 1칼로리의 열량에 해당하는 열에너지를 끄집어내기 위해 정반대의 일을 해 보았던 것입니다.

줄이 사용한 장치는 보통 집에 흔히 있는 비둘기시계와 흡사한 장치로서, 〈그림 26〉에 그 설명도를 나타냈습니다. 우선 그림의 물을 담은 용기는 장치에서 떼어두고, 그림의 핸들을 돌려서 실을 막대에 감아 붙이고, 추를 어느 높이까지 들어 올려 지탱시켜 둡니다. 어느 정도의 높이로 들어 올렸느냐고 하는 것은 모두 그림의 자로 읽을 수 있게 되어 있습니다. 이것으로 준비가 완료되었습니다. 거기서 물을 담은 용기를 그림처럼 장치하고, 추의 받침대를 떼어내어 자유로이 낙하시킵니다. 추가 아래로 내려가면 이것에 달린 실이 막대를 돌려서, 막대 끝의 교반기(提伴機)가 물을 휘젓습니다. 물을 휘젓게 함으로써 얼마

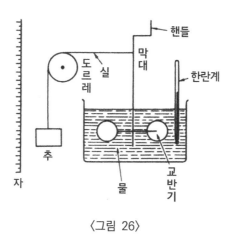

〈그림 26〉

만큼이나 물의 온도가 올라갔는지는 물속에 꽂아놓은 한란계로 읽으면 됩니다.

　다시 한 번 확인삼아 실험의 과정을 분석해 봅시다. 먼저 핸들을 빙글빙글 돌려서 추를 들어 올릴 때 우리는 그만큼 일을 한 셈이 되는데, 이 일은 (5)식을 사용하여 어림할 수 있습니다.

　이 경우, 추에 작용하고 있는 힘은 지구의 인력이고, 그 크기는 추의 질량 m에 중력 가속도 g를 곱한 mg인 것은 앞에서 말했습니다. 그러므로 핸들을 돌려서 추를 높이 h만큼 들어 올리면, (5)식에 의해서 우리가 mgh만큼의 일을 한 것에 의해서 추는 높이 h만큼 들어 올려지고, 그만한 위치에너지를 얻은 셈이 되는데, 그 크기는 (1)에 의해서 mgh인 것입니다.

　즉, 우리가 한 일만큼의 위치에너지가 추에 저장된 셈입니다. 다음에 추를 낙하시키면 추의 위치에너지가 점점 줄어듭니다. 그 대신 교반기가 빙글빙글 움직이기 시작하여 일을 합니다.

　추의 위치에너지가 교반기에 의해 휘저어진 물의 운동에너지로 된 것입니다. 마지막으로 휘저어진 물이 조용히 안정되었을 때에는 물의 온도가 높아져 있습니다. 물의 운동에너지가 열의 에너지로 된 것입니다. 만약 mgh만큼의 일이 연달아 여러 가지 형태의 에너지로 바뀌어갈 경우에 에너지의 형태는 바뀌더라도 그 총량은 바뀌지 않는다고 하면, 마지막에 우리는 mgh만큼의 열에너지를 얻는 것이 됩니다.

또는 ⑶에 의해서 $\dfrac{mgh}{4.2 \times 10^7}$ 칼로리의 열량을 얻는 것이 되는 셈인데 실제는 어떠했을까요? 줄의 실험결과, 실제로 최초에 우리가 mgh만큼의 일을 했을 때에는 마지막에 물의 온도가 $\dfrac{mgh}{4.2 \times 10^7}$ 도만큼 높아지는 것을 알았습니다.

물의 열용량은 1칼로리이므로, 이것은 마지막에 우리가 $\dfrac{mgh}{4.2 \times 10^7}$ 칼로리의 열량을 얻었다는 것을 뜻하고 있습니다. 이렇게 하여 줄의 실험에 의해서 열이 에너지라는 것이 분명히 가리켜졌습니다. 그뿐이 아닙니다. 줄의 실험에서는

　　우리가 한 일
　→추의 위치에너지
　→교반기 및 물의 운동에너지
　→물의 열에너지

로, 에너지의 형태가 차례차례로 바뀌어져 갔는데도 그 양은 조금도 줄지 않고 처음부터 마지막까지 전해 갔던 것입니다. 이와 같이 에너지의 형태가 바뀌어도 그 양이 바뀌지 않고 전해진다는 것은 다른 여러 실험에서도 확인되었습니다.

그리고 마침내 1847년 독일의 헬름홀츠(Hermann Ludwig von Ferdinand Helmholtz, 1821~1894)가 이것은 널리 자연계 일반에 성립되는 법칙이라고 주장하기 시작했습니다. 이 법칙은 '에너지 보존법칙'으로서, 그 후 더더욱 옳다는 것이 확인됩니다. 그러나 그것은 물질계에 대해서의 일이지, 이것이 생물계에서까지 성립하는 것인지 어떤지는 아직 확실히 몰랐습니다.

생물이나 생명의 여러 가지 현상이 에너지와 관계가 있다는 것만은 확실하더라도, 생명현상에 관한 우리의 이해가 아직 충분하지 않은 이상, 이것에까지 이 법칙이 성립되는지 어떤지에 대해서는 확실하지 않다고 밖에는 말할 수 없었을 것입니다.

이 에너지 보존법칙을 처음으로 명확히 밝힌 헬름홀츠는 1821년 독일에서 태어났습니다. 아버지를 중학교 교사여서 가정은 그리 풍족한 편은 아니었고, 관비로 군의학교를 졸업하여 군의관이 되었습니다. 그 일을 하는 틈틈이 물리학 공부를 했습니다.

그가 이 에너지 보존법칙을 발설하기 시작한 1847년에는 불과 26세였고, 그의 천재성을 엿볼 수 있습니다. 헬름홀츠의 연구는 물리학에서부터 화학, 수학, 기상학, 생리학에 걸쳤고, 더욱이 그 모든 방면에서 훌륭한 연구를 했습니다. 근대 제일의 과학자라고 일컬어지는 까닭이 여기에 있다고 하겠습니다.

만년에는 대실업가 베르너 지멘스(Werner von Siemens, 1816~1892)와 함께, 독일제국물리공업연구소를 설립하여 그 소장이 되었습니다. 1894년에 73세로 세상을 떠났습니다.

4. 에너지의 이용과 산일

이리하여 에너지 보존법칙이 확립되었습니다. 생각해 보면 우리가 자연을 이용한다는 것은 결국, 자연의 에너지를 우리에게 편리한 형태로 변형시켜 그것을 이용한다는 것을 알 수 있습니다. 자연으로 불어오는 바람의 운동에너지를 풍차의 운동에너지로 바꾸고, 그것을 기계적인 일로 바꾸어서 가루를 빻는 것은 간단한 일인데, 좀 더 복잡한 수력전기인 경우의 에너지의 흐름을 쫓아가 보기로 합시다. 먼저 태양이 바닷물을 데워서 이것을 증발시켜 비로 만들어 높은 산으로 내려 보냅니다. 이것은 태양의 열에너지가 물의 위치에너지로 된 것입니다. 다음에는 물이 높은 곳으로부터 떨어져내려 그 위치에너지가 수력기계의 운동에너지가 됩니다. 다음에는 이 운동에너지가 감응전류(感應電流)라고 하는, 뒤에서 설명하는 전류에 의해서 전기의 에너지로 바뀝니다. 이 전기에너지가 송전기에 의해 마을이나 도시로 운반됩니다.

그리고 마지막에 이 전기에너지가 공장 기계의 운동에너지로 되거나, 전기난로나 전기곤로의 열에너지가 되는 것입니다. 에너지를 가리켜 공장 등에서는 흔히 '동력'이라고 부릅니다. 수력, 화력, 풍력, 전력 등이라고 할 경우의 '력'이라고 하는 것이 물리학에서 말하는 힘이 아니라, 에너지라는 의미라는 것은 이미 여러분도 이해했을 것이라고 생각합니다.

그런데 아주 옛날부터 꽤나 염치없는 사람이 있어서, 한 번만 동력을 주고 나면 언제까지고 운동을 계속하는 기계를 만들려고 시도했습니다. 이런 기계가 만들어진다면 굉장히 편리할 것은 확실합니다. 이와 같은 기계를 가리켜 '영구기관'이라고 부릅니다.

그러나 에너지 보존법칙이 널리 자연계에서 성립되고 있는 이상, 이런 기계를 만든다는 것은 불가능합니다. 기계에 일을 시키려면 외부로부터 어떠한 형태로건 이것에 에너지를 주지 않으면 안 됩니다. 더욱 주의해서 관찰하면, 에너지가 형태를 변화시키는 경우에 대해서는 언제나 일정한 경향이 있어서 역의 경향은 취하지 않는다는 것을 알았습니다.

줄의 실험에 대해 말하면, 여기서는 결국 추의 위치에너지가 물의 열에너지로 바뀌었는데, 이대로 놓아두어서는 아무리 시간이 지나도 이것의 역과정, 즉 물의 열에너지가 추의 위치에너지로 되어서, 물이 저절로 식어서 추가 올라가는 일은 일어나지 않습니다. 이것은 영국의 윌리엄 톰슨(William Thomson, 1824~1907, 켈빈 경의 본명, 열학에 절대온도의 개념을 도입함)에 의해서 1851년에 처음으로 발견되었고, 1867년 독일의 루돌프 클라우지우스(Rudolf Clausius, 1822~1888)에 의해 열학적으로 확실히 증명되었습니다.

이 원리가 말하는 바에 따르면, 모든 형태의 에너지는 모두 마지막에는 열이 되고, 더욱이 그 열도 높은 온도의 것에서부터 낮은 온도의 것으로 흘러가서, 마침내는 모든 것의 온도가 균일해지는 분포를 취하는 경향이 있다고 하는 것입니다. 이것을 분명히 이해하는 데는 열의 운동학적 이론에 의거해야 합니다.

뉴턴의 역학이 각 방면에서 빛나는 승리를 거두는 것을 본 당시의 물리학자들은 모든 물리현상을 역학적으로 이해하고자 했습니다. 나중에 이 노력도 끝내 벽에 부딪히게 되지만, 열현상에 대해서는 이 노력은 아름다운 열매를 맺었습니다. 그것을 이야기하기 전에 분자와 원자에 대해서 이야기해 두는 것이 순서일 것으로 생각합니다.

5. 화학, 원자론, 분자

옛날 사람들이 흙, 물, 공기, 불의 네 가지를 우주의 4원소라고 생각하고 있었다는 것에 대해서는 앞서 여러 차례 설명했습니다. 이를테면, 기체는 모두 공기라고 생각하는 식입니다.

1650년경에 로버트 보일이 「원소는 모두 이와 같이 상상으로서만 결정할 것이 아니라 실험으로써 이미 이 이상으로는 분해할 수 없을 만한 것을 원소라고 해야 한다. 즉 실험적으로 정해야 한다」고 제창한 한편으로는, 물질이 연소할 때 그 속으로부터 플로지스톤이라는 것이 튀어나온다고 하는 잘못된 주장을 내놓기도 했습니다.

근대과학은 이와 같은 오류를 하나하나 깨뜨려가면서 발달해왔는데, 원자론의 발달도 이 화학의 발달을 빼놓고는 생각할 수 없습니다. 화학 역사상 1750년경, 영국의 블랙(Joseph Black, 1728~1799)에 의한 이산화탄소의 발견이 중요합니다. 그것은 옛날 사람들이 생각하고 있던 유일한 기체였던 공기와는 다른 기체로서 발견된 최초의 것이었기 때문입니다.

블랙은 석회를 태워서 생석회를 만들 때에 만약 플로지스톤이 빠져나간다고 하면, 플로지스톤의 무게만큼 생석회 쪽이 석회석보다 가벼워질 것이라고 생각하여 이것을 실험해보기로 했습니다. 그래서 석회석을 강하게 가열하여 나오는 가스를 위로부터 덮씌운 유리통으로 잡아서 그 가스의 무게를 측정해 보았습니다.

한편, 생성된 생석회의 무게도 측정해 보았습니다. 그런데 생성된 가스의 무게에 딱 일치하는 무게만큼, 생석회의 무게가 석회석의 무게보다 적어져 있었습니다. 이리하여 블랙은 이 가스가 석회석 속으로부터 나온 것임을 확인했습니다. 그리고 이 가스를 석회 용액 속으로 보내어 용액으로부터 흰 가루가 가라앉는 것을 관찰했습니다. 공기에는 이와 같은 성질이 없으므로, 이 가스는 공기와는 다른 것이 확실합니다.

이리하여 공기를 유일한 가스라고 생각했던 옛날 사람들의 생각은 단번에 깨졌습니다. 많은 사람들이 너도 나도 하면서 새로운 가스의 발견에 덤벼들었습니다.

이리하여 1766년에는 영국의 캐번디시(Henry Cavendish, 1731~1810)에 의해 수소가 발견되었습니다. 1772년에는 영국의 러더퍼드(Ernest Daniel Rutherford, 1749~1819)가 질소를 발견했습니다. 1774년에는 역시 영국의 프리스틀리(Joseph Priestley, 1733~1804)가 산소를 발견했습니다. 스웨덴의 셸레(Care Wilhelm Scheele, 1742~1786)가 공기가 산소와 질소로 이루어져 있다는 것을 발견한 것도 이 무렵입니다. 이리하여 공기를 유일한 가스라고 하는 옛날 사람들의 생각은 일소되었고, 이어서 플로지스톤설도 깨뜨려지고 말았습니다.

이 방면에서 훌륭한 일을 한 사람은 프랑스의 화학자 라부아지에(Antoine Laurent de Lavoisier, 1743~1794)입니다. 그는 프랑스 파리의 어느 큰 부잣집에서 태어났습니다. 아버지가 무척 학문을 좋아하는 사람이었으므로, 라부아지에는 어릴 적부터 좋은 선생님 밑에서 공부하는 유족한 환경에서 자랐습니다. 아버지의 희망도 있고 하여 25세 때 왕실의 세금을 징수하는 관리인이 되었는데, 그 일을 보는 한편, 자기 집에 실험실을 만들어 놓고 여러 가지 화학실험을 했습니다. 그러나 그는 아깝게도 1794년 프랑스 대혁명 때에, 왕실의 세금징수인이었다는 이유로 단두대의 이슬로 사라졌습니다.

라부아지에가 플로지스톤설을 타파한 유명한 실험은 다음과 같습니다. 라부아지에는 1774년 프리스틀리가 산소를 만들었다는 이야기를 듣고, 자기도 그 실험을 되풀이해 보았습니다. 먼저 수은을 태우면 붉은 가루가 됩니다. 지금까지의 플로지스톤설로 말하면, 플로지스톤이 빠져나갔으므로 붉은 가루의 무게는 수은의 무게보다 줄어들었을 것입니다.

그러나 실제로 측정해 본즉, 도리어 무게가 증가해 있었습니다. 이것으로 이미 플로지스톤설은 부정되었지만, 라부아지에의 연구는 계속되었습니다. 그는 수은을 밀폐한 용기 속에서 태워 보았습니다.

그 결과 수은을 태워서 생긴 붉은 가루의 무게가 본래의 수은의 무게에서 증가한 딱 그 만큼, 대기, 속의 산소의 분량이 줄어들고 있다는 것을 알았습니다. 이미 여러분은 알았을 것으로 생각합니다. 이것은 수은이 산소와 화합하여 산화수은이 된 것입니다. 사실은 물질이 탄다는 것은 플로지스톤이 빠져나가는 것이 아니라 산소와 화합한다고 하는, 여러분이 지금 생각하고 있는 것과 같은 올바른 생각을 가져다 준 최초의 사람이 바로 라부아지에인 것입니다.

그의 연구는 더욱 계속되었습니다. 위와 같이 하여 생긴 붉은 가루를 가열하면, 프리스틀리가 처음으로 발견했듯 산소가 발생하는데, 그 발생한 산소의 무게를 달아보자 그것이 전에 대기 속으로부터 빠져나간 산소의 무게와 똑같다는 것을 알았습니다.

라부아지에는 이 방식으로 플로지스톤설을 타파했을 뿐 아니라, A+B→C 또는 C→A+B와 같은 화학변화 때에 A, B, C 각각의 무게를 W_A, W_B, W_C로 쓰면, $W_A+W_B=W_C$ 또는 $W_C=W_A+W_B$와 같은 관계가 성립한다는 것을 밝혀낸 것입니다. 질량이 무게에 비례한다는 것은 앞에서 설명했으므로, 이 관계는 결국 화학변화에 즈음하여 그 반응에 관여하는 물질의 총질량이 보존된다는 것을 가리키는 것으로 '질량 보존의 법칙'이라고 불리고 있습니다.

라부아지에는 또 숯을 태우면 이산화탄소를 발생하는 것으로부터 이산화탄소는 탄소와 산소의 화합물이라는 것을 밝혔고, 다시 물을 분해하여 산소와 수소가 생기는 것으로부터 물이 산소와 수소의 화합물이라는 것을 보여주었습니다. 반대로 수소와 산소로부터 물을 합성하는 등, 몇 가지의 뛰어난 그의 일의 특징은 그것이 수량적이었다는 것입니다. 그러나 이와 같은 그의 노력은 헛되지 않았습니다. 그의 작업으로부터 근대의 원자론이 태어났으니까 말입니다.

라부아지에의 실험결과를 정리해 보겠습니다.

물을 예로 들어 말하겠습니다. 산소와 수소가 화합하여 물이 된다는 것은 라부아지에에 의해 제시되었는데, 물을 만들 때는 수소 2그램과 산소 16그램의 비율로 화합시켜야 합니다. 물론 이 때에 18그램의 물이 만들어집니다. 그런데 이치상으로 말하면, 수소 2그램과 산소 17그램이 화합하여 19그램의 물이 만들어져도 될 듯한데, 자연계에는 결코 그런 물은 없습니다. 무게로 하여 수소와 산소의 비율은 어떤 물이라도 1과 8의 비율인 것입니다. 이산화탄소만 해도 그렇습니다.

이 경우도 비율로 하여 12그램의 탄소와 32그램의 산소로부터 44그램의 이산화탄소가 만들어지고, 그 이외의 비율로 되어 있는 이산화탄소는 이 세상에는 존재하지 않습니다. 이와 같이 어떤 화합물이라도 그 성분의 원소의 비율은 일정하다는 것이 밝혀졌는데, 이것을 '정비례의 법칙'이라고 합니다.

다음과 같은 일도 알았습니다. 지금의 경우로 말하면, 물의 경우에 산소 16그램과 화합하는 수소는 2그램이었고, 이산화탄소의 경우에는 산소 16그램과 화합하는 탄소의 무게는 6그램이었습니다. 즉 똑같은 그램수의 산소와 화합하는 수소의 그램수의 3배가 되는 것입니다.

이것을 처음으로 분명히 말한 사람이 영국의 화학자 존 돌턴 (John Dalton, 1766~1844)입니다. 그의 주장에 따르면, 하나의 원소가 다른 여러 가지 원소와 화합하여 몇 종류의 다른 화합물을 만들 경우, 전의 원소의 일정량과 화합하는 다른 원소의 양의 비율은 1배, 2배, 3배와 같이 간단한 정수의 비율로 되어 있습니다. 이것을 '배수 비례의 법칙'이라고 합니다.

그래서 돌턴은 모든 원소가 원자라고 부르는 작은 알갱이로 되어 있고 그 이상은 작게 파괴되는 일이 없으므로, 1배, 2배, 3배라는 정수로밖에는 결합할 수 없는 것이라고 생각했던 것입니다. 이것이 근대원자론의 시작입니다.

물론 원자라고 하는 따위의 생각은 훨씬 전의 그리스시대부터 있었지만 그것은 그저 상상에 의한 것으로서, 돌턴처럼 자연의 사실을 설명해야 할 필요에 몰려서, 더욱이 정량적(定量的)

으로 분명히 말한 것은 아닙니다. 여기에 돌턴의 업적이 지니는 커다란 의미가 있습니다.

그런데 돌턴은 여러 가지 원자를 기호로 나타냈습니다. 수소는 ◉ 산소는 ○라는 식입니다. 예를 들면 물은 ◉○◉과 같이 표기했습니다. 지금이라면 H_2O로 표기할 것입니다. 보통 이것을 가리켜 산소 1원자와 수소 2원자가 화합하여 물의 1분자가 되는 것이라고 말하고 있습니다. 여기서 원자라고 하는 알갱이 외에 '분자'라고 하는 입자를 생각하게 된 것입니다.

그런데 분자는 다른 종류의 원자가 결합하여 되는 것만은 아닙니다. 같은 종류의 원자 몇 개가 결합하여 되는 일도 있습니다. 실제로 수소나 산소의 제일 작은 알갱이를 끄집어내 보면, 그것은 수소나 산소의 2원자로써 되어 있는 1분자입니다. 그리고 이것이 다른 물질과 화합할 때에만 분자가 원자로 갈라지고, 다른 원자와 결합하여 새로운 분자를 만드는 것입니다.

이렇게 하여 원자설과 분자설이 만들어지게 되었습니다. 돌턴의 원자설은 1803년에 제창된 것이고, 아보가드로(Amedeo Avogadro, 1776~1856)라는 사람이 분자설을 내놓은 것은 1818년의 일입니다.

한편, 이 무렵 뉴턴역학은 각 방면에서 그 정당성이 입증되기 시작했습니다. 이것에 힘을 얻은 당시의 물리학자들이 모든 현상을 역학적으로 해석하려고 한 것은 무리가 아니었으며, 다행히 이 시도는 기체의 분자운동론으로 그 열매를 맺었습니다.

6. 기체분자 운동론

열현상을 어떠한 운동과 결부시킬 수는 없을까? 물리학자가 그렇게 생각하고 주위를 둘러보았을 때 마침 거기에 기체분자가 있었습니다. 이것이다, 하고 물리학자들은 생각했습니다.

이리하여 만들어진 기체의 분자운동론이란 다음과 같은 이론입니다.

이 이론에서는 기체가 많은 분자로부터 이루어져 있다고 가정합니다. 그리고 이들 분자들은 모든 방향으로 자유로이 돌아다니고 있다고 생각하는 것입니다. 더욱이 서로 충돌하거나, 또용기에 넣어졌을 때에는 그 용기의 벽에 충돌하거나 하여 늘운동방향을 바꾸어가며 돌아다닙니다. 이들 분자의 속도는 무척 다양합니다. 빠르게 돌아다니고 있는 것이 있는가 하면, 느릿느릿 걸어 다니고 있는 분자도 있습니다.

그러나 그것들에는 일정한 평균속도가 있습니다. 운동하고 있는 것이 운동에너지를 가지고 있다는 것은 앞에서 말했습니다. 한편, 우리는 열이 일종의 에너지라는 것을 알고 있습니다. 그런데 기체분자 운동론자의 말에 따르면, 열에너지란 결국 이 분자의 평균 운동에너지인 것입니다. 용기 안에 많은 열량이 있다는 것은, 즉 이 평균 운동에너지가 크다는 것을 의미하는 것입니다.

이렇게 생각하는 것이, 모든 것을 역학적으로 생각하려고 했던 당시의 물리학자에게 있어서 얼마나 만족스러운 일이었는지는 여러분도 충분히 이해할 것으로 생각합니다. 그러나 이것은 그저 만족할 만한 설명방법이라기보다는 훨씬 훌륭한 이론이었습니다.

밀폐용기에 기체를 넣고 가열합니다. 즉, 기체의 열에너지를 공급해 주는 것입니다. 기체분자 운동론자의 말에 따르면, 이것

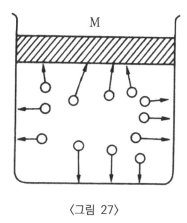

〈그림 27〉

은 분자의 운동에너지를 증가시켜 주는 것이 됩니다. 결국 온
도를 높이면 기체분자가 돌아다니는 속도에 스피드가 붙는 셈
입니다. 이것이 용기의 벽에 충돌한다고 하면, 온도를 높이지
않았던 때보다 더 강한 반동을 벽에 주게 될 것입니다. 이 벽
에 주는 반동을 우리는 기체의 압력이라고 부릅니다. 그것은
〈그림 27〉로부터 알 수 있으리라 생각합니다.

〈그림 27〉에서는 용기의 한쪽 벽을 피스톤으로 하여 추가
얹어져 있습니다. 이 추는 피스톤을 아랫방향으로 눌러 내리려
하지만, 아래로부터는 분자의 큰 무리가 피스톤에 충돌하여, 이
것을 떠받쳐 주고 있으므로 그렇게는 되질 않습니다. 이것으로
밀폐한 기체의 온도를 증가시키면 그것에 비례하여 압력이 증
가한다는 결론이 나오는데, 이것은 실제로 기체에 대해서 실험
이후, 그 정당성이 입증되었습니다.

또 다음과 같은 것을 생각해 봅시다.

〈그림 27〉에서 이번에는 기체의 온도가 일정하므로 분자의

평균 속도는 바뀌지 않지만, 부피가 절반이 되면 분자의 밀도는 전의 2배가 되는 셈입니다. 그러므로 어느 일정한 시간에 피스톤에 충돌하는 분자의 수도 2배가 되고, 따라서 압력도 전의 2배가 될 것으로 기대되는 것입니다. 온도를 일정하게 해 두고 부피를 절반으로 하면, 압력이 2배로 된다는 것은 유명한 보일의 법칙, 바로 그것입니다.

세 번째의 예를 들어봅시다. 어느 온도, 어느 압력 아래서 어떤 일정한 용기 속에 포함되는 기체분자의 수는 그 기체가 수소냐, 산소냐고 하는 것과 같은 기체의 종류에 상관없이 일정하다는 것이 기체분자 운동론으로부터 예기될 수 있는 일이지만, 그것은 다음과 같은 추론을 거치면 되는 것입니다.

두 개의 같은 온도, 같은 압력, 같은 부피의 기체를 취했다고 합시다. 온도가 일정하므로 분자의 평균속도는 같을 것입니다. 그러므로 개개 분자가 용기의 벽에 충돌했을 때 벽에 주는 반동도 양쪽이 다 같을 것입니다. 뿐만 아니라, 압력이란 개개 분자가 벽에 충돌하여 벽에 주는 반동과 단위시간에 벽에 충돌하는 분자의 수에다 곱한 것이므로, 결국 같은 온도, 같은 압력, 같은 부피의 기체 속에 포함되는 기체분자의 수는 기체의 종류에 상관없이 일정할 수가 있습니다.

놀라운 일은 분자운동론이 이와 같은 상수의 존재를 암시할 뿐 아니라, 그 수치까지도 부여한다는 점입니다. 그리고 계산된 수치가 물리학의 다른 방면으로부터 계산된 수치와 딱 일치한다는 것은 기체분자 운동론의 가장 빛나는 성과입니다.

그러나 돌이켜보면, 우리는 좀 다른 목적으로 기체분자 운동론의 꽃밭으로 들어왔습니다. 이를테면 어찌하여 줄의 실험의 역과정, 즉 물이 저절로 식어서 추가 높이 올라간다고 하는 것이 불가능한가, 또는 어째서 열은 높은 온도의 것으로부터 낮은 온도의 것으로 흘러가는가 하는 의문 때문에 기체분자 운동론의 공부를 시작했던 것입니다. 지금은 그 문제로 되돌아 갈 때입니다.

첫째 질문에 대한 답은 다음과 같습니다.

보통의 줄의 실험, 추의 위치에너지가 물의 열에너지로 된 실험에서는(물이 액체이므로 사정이 약간 다르지만), 역시 추의 위치에너지가 분자의 운동에너지로 되었다고 생각할 수 있습니다. 즉, 물분자의 평균속도가 빨라진 것입니다. 그러나 자연 그대로 놓아두어서는 이 물분자의 평균속도는 조금도 달라지지 않습니다. 만약 물분자의 평균속도가 느려지는 따위의 일이 자연적으로 일어나면, 줄의 실험의 역과정도 일어날 것입니다.

그러나 실제로는 속도가 빠른 분자가 느린 분자에 충돌하여 자신의 속도는 조금 느려지고, 상대방 분자의 속도가 조금 빨라지는 따위의 일이 일어날 뿐, 분자 전체의 평균속도는 변화하지 않습니다. 물을 가열해 주면 그 평균속도를 증가시킬 수가 있고, 물을 식혀서 이 평균속도를 줄일 수도 있습니다. 그러나 팽개쳐 두어서는 이 물분자의 평균속도를 바꿀 수 없다는 것이 첫째 질문에 대한 답의 핵심입니다.

다음에는 두 번째 문제인, 어째서 열은 온도가 높은 데서 낮은 데로 옮겨 가는가 하는 문제를 생각해 봅시다.

두 개의 상자에는 기체가 들어가 있습니다. A 상자에 들어간 기체분자의 평균속도는, B 상자에 들어간 기체분자의 평균속도보다 크다고 합시다. 즉 A 상자의 기체의 온도는 B 상자보다

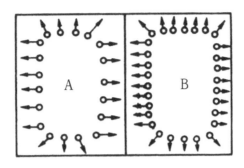

<그림 28>

높습니다. 다음에는 이 두 상자를 〈그림 28〉처럼 배치해 두고, 하나, 둘, 셋 하고 두 상자의 경계를 떼어냅니다. 자, 어떤 일이 일어날까요?

A 상자 속의 평균속도가 빠른 분자가 B 상자 속의 평균속도가 느린 분자에 충돌합니다. 충돌한 결과 속도가 빠른 분자의 속도가 조금 느려지고, 느린 분자의 속도가 조금 빨라집니다. 충분히 긴 시간이 지난 뒤에는 본래의 A 상자 속에 있었던 속도가 빠른 분자도, B 상자 속에 있었던 속도가 느린 분자도 서로 뒤섞여서 중간 정도의 분자만으로 되어 버립니다.

즉, 이렇게 해서 온도가 높은 기체와 온도가 낮은 기체가 뒤섞여져서 평균 온도의 기체로 되는 것입니다. 관점을 바꾸어 말하면, 이것은 열이 높은 온도의 것에서부터 낮은 온도의 것으로 흘러갔다고 볼 수 있습니다. 그러므로 제2의 질문에 대한 답의 가장 중요한 점은 충돌에 의해서 기체분자의 속도가 평균화한다는 데에 있습니다.

이렇게 해서 에너지가 형태를 변화할 경우에는 언제나 일정한 경향이 있고, 역경향을 취하지 않는다는 것이 분자운동론을 사용하여 분명히 이해되었던 것입니다. 이 기체분자 운동론은 독일의 볼츠만(Ludwig Boltzmann, 1844~1906)과 영국의 맥스웰(James Clerk Maxwell, 1831~1879)에 의해 완성된 것입니다. 여기서 맥스웰이 상상한 '맥스웰의 도깨비'에 대해 설명하고 이번 장을 마치기로 하겠습니다.

이 맥스웰의 도깨비가 기체분자 운동론의 이해를 깊게 하는 데에 도움이 되리라 생각합니다. 〈그림 28〉과 같은 기체가 들어간 A, B 두 개의 방이 있고, C라는 문이 경계로 되어 있다고 합시다. 처음 A, B 두 방은 같은 온도를 지니고 있다고 합시다. 즉 양쪽 방의 기체분자의 평균속도는 같습니다. 여기에 맥스웰의 도깨비가 등장합니다. 그는 문 C가 있는 곳에 세워지고, A로부터 B의 방으로는 속도가 빠른 분자만을 통과시키고, B로부터 A의 방으로는 속도가 느린 분자만을 통과시키라는 명령을 받습니다. 그리고 그에게는 이 명령을 수행할 능력이 있는 것으로 합니다.

결과는 어떻게 될까요? B의 방으로는 속도가 빠른 분자가 집합할 것이고, A의 방으로는 속도가 느린 분자가 집합할 것입니다. 즉 B 방의 온도는 자꾸 높아지고, A 방의 온도는 점점 낮아질 것입니다. 이렇게 해서 맥스웰의 도깨비는 온도차가 없는 데서부터 온도차를 만들어 내는 도깨비인 것이기 때문입니다.

아쉽게도 세상에 이런 도깨비는 없지만, 만약 있다고 한다면 굉장할 것입니다. 온도차가 있으면 이것을 이용하여 동력을 작용시켜 일을 할 수 있고, 그렇게 되면 휘발유도 석탄도 필요가 없게 될 것이기 때문입니다.

7. 전자기학

여기서부터는 전기와 자기의 공부로 들어가기로 합시다. 길버트가 지구는 커다란 자석이라는 것을 제시했다는 것, 괴리케가 기전기를 만들었다는 것에 대해서는 이미 설명했습니다. 여기서는 그 뒤를 쫓아가서 19세기 말까지를 공부합니다.

괴리케 이후에 나타난 뛰어난 전기 연구자는 영국의 스테판 그레이(Stephan Gray, 1666~1736)입니다. 그의 연구가 발표된 것은 1733년으로, 그는 이 논문 가운데서 전기를 잘 전하는 도체(금속, 땅의 표면, 인체 등)와 그다지 잘 전하지 않는 불량도체 또는 절연체(명주실, 유리, 고무, 공기 등)가 있다는 것을 분명히 말하고 있습니다. 또 도체를 적당한 절연체로 만든 받침대 위에 얹어 놓으면 전기를 오래 보존할 수 있다는 것을 제시하고 있습니다.

인간의 몸은 도체로서, 보통이라면 전기를 오래 보존할 수가 없습니다. 전기는 금방 지면 속으로 달아나 버립니다. 그는 어떻게 해서든지 인체에 전기를 저장해 보려고 생각했습니다. 궁리 끝에 아이를 튼튼한 명주실(절연체)로 묶어 공중(절연체)에 매달아 보았습니다. 아이에게는 불쌍한 일이었지만, 이렇게 하여 그는 아이에게 전기를 저장시킬 수 있었습니다.

그는 또 전기의 작용이 공기를 사이에 두고 200미터나 떨어진 곳에까지 전해지는 것을 증명해 보였습니다. 전기 자체를 전하지 않는 공기가 이와 같은 전기의 작용을 전달하는 데에 도움이 되고 있다는 것을 보여준 것도 그가 처음입니다.

이 그레이의 연구에 흥미를 느끼고 전기의 연구를 시작했던 사람으로 프랑스의 뒤페(Charles Fancois de Cisternay Du Fey,

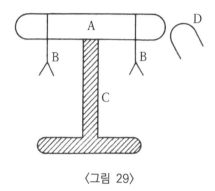

〈그림 29〉

1698~1739)라는 이가 있습니다. 그가 한 일 중에 가장 중요한
것은 전기에는 두 종류가 있다는 것을 가리킨 점입니다. 오늘
날의 말로 하면 양전기와 음전기인데, 뒤페는 유리전기, 수지전
기라고 불렀습니다. 그리고 양전기 또는 음전기끼리는 서로 반
발하고, 양전기와 음전기는 서로 끌어당긴다는 것을 실험했습
니다. 그리고 유명한 전기의 2유체설(二流體說)을 내놓았습니다.

　이것도 또한 뉴턴역학의 성공에 힘을 얻어, 모든 것을 역학
적으로 정리하려는 시도였다고 할 수 있을 것입니다. 2유체설
은 몇 가지 성공을 거두었습니다.

　〈그림 29〉를 봅시다. 그림의 A는 금속도체이고, B라는 검전
기가 매달려 있습니다. 검전기라고 하는 것은, 금속 실 끝에 달
린 두 장의 금속박으로서, 도체 A가 전기를 띠면 같은 종류끼리
의 척력에 의해서 금속박이 벌어지는 장치입니다. A, B는 절연
체 C 위에 얹혀져 A의 전기가 도망가지 못하게 되어 있습니다.

　처음에 B의 검전기에 닿아서, B가 띠고 있는 전기를 신체를
통해서 지면 속으로 흘려보냅니다. 그러면 검전기가 닫힙니다.

거기서 전기를 띤 D를 가져와서 A에 닿게 하면 금속박이 벌어집니다. 그런데 D를 A에 접근시키기만 할 뿐으로 다시 멀리하면, 금속박은 일단은 벌어지지만 다시 닫힙니다. 다시 처음부터 도체 A가 둘로 갈라지게 해 놓고, D를 접근시킨 채로 A를 둘로 나누면 금속박은 벌어진 채로 있습니다.

이와 같은 복잡한 현상도 전기의 2유체설을 사용하면 간단히 이해할 수 있습니다. 먼저 D를 A에 닿게 한 경우인데, 이 경우에는 D가 가지고 있던 전기(가령 이것을 음전기라고 합시다)가 도체 A로 흘러들어가서 A 전체로 퍼져서 B의 금속박이 벌어지는 셈입니다. 다음에 D를 A에 접근시키면 양전기 유체가 A 속에서 D에 가까운 쪽으로 모여들고, 음전기 유체가 먼 쪽으로 모입니다. 그래서 결국 금속박이 벌어지는데, D를 멀리하면 양과 음의 전기유체가 다시 본래처럼 뒤섞여져서 전기적으로 중성이 되어 금속박이 닫혀 버리는 것입니다. D를 접근시킨 채로 A를 둘로 자르면 B가 벌어진 채로 있는 까닭도 쉽게 이해할 수 있을 것입니다.

이와 같이 전기의 2유체설로도 여러 가지를 설명할 수 있기 때문에, 전기의 학문이 시작된 초기에는 전기는 유체라고 생각되고 있었습니다. 마치 열학의 초기에 열이 일종의 유체라고 생각되었던 것과 같습니다.

뒤페가 전기에 음양의 두 종류가 있다는 것을 밝힌 1733년부터 약 10년이 지나서, 1746년 네덜란드의 레이덴대학의 뮈스헨브루크(P. van Musschenbroek, 1692~1761) 교수가 전기를 굉장히 많이 모을 수 있는 축전기를 발견한 것도 전기의 실험을 진보시키는 상에서 굉장히 중요한 일이었습니다. 이 축전기는 그것이 발견된 지명을 따서 레이덴병이라고 불리고 있습니다.

레이덴병이 발명된 이듬해인 1747년에는 영국의 왓슨이라는 사람이 런던의 시내를 흐르고 있는 템즈강을 끼고 800미터 정도의 철사를 치고, 레이덴병으로부터 전기 충격을 보내어 전기가 전달되는 속도를 측정하려고 시도했습니다. 그 속도가 너무 빨라서 결국 전해지는 속도는 측정할 수가 없었지만, 그 왕성한 탐구심에는 감동하지 않을 수가 없습니다.

그로부터 5년이 지난 1752년에는 미국의 벤자민 프랭클린(Benjamin Franklin, 1706~1790)이 뇌운이 치는 가운데서 연을 띠워 번개의 전기를 레이덴병으로 이끌어, 번개가 바로 전기라는 것을 가리키는 유명한 실험을 했습니다. 그러나 이들 모든 연구는 아직 그다지 정량적이지 못했습니다. 전기의 연구에 수를 도입한 것은 영국인 헨리 캐번디시입니다.

8. 캐번디시와 쿨롱

캐번디시(Henry Cavendish, 1731~1810)는 영국의 귀족 찰스 캐번디시의 아들로서 남프랑스의 니스에서 태어났습니다. 18세 때 케임브리지대학에 들어가 공부를 했으나 졸업시험을 피해 4년간 재학한 후 자퇴하고서, 그 후에는 아버지 집에서 공부방을 만들어 공부했습니다.

재미있는 일로는 캐번디시의 동생도 졸업시험을 치루지 않았으며, 따라서 형처럼 학사 자격도 따지 않고 케임브리지를 나왔다는 점입니다. 그리고는 형제 둘이서 대륙으로 짧은 여행을 나가기도 했으나, 자세한 내용은 알려져 있지 않습니다.

이런 일로부터도 알 수 있듯, 그는 매우 별난 사람이었습니다. 몹시 신경질적이고 내성적이어서, 말을 할 때도 조심스러웠고 목소리도 높고 날카로웠지만 귀족 출신인데다 돈도 많아서 세상과는 교섭을 끊은 채 과학 연구에만 몰두할 수 있었습니다.

그는 연구를 발표하는 따위에는 전혀 관심이 없었습니다. 실제로 다음에 말하는 전기력에 관한 캐번디시의 실험도 1772년부터 3년간에 걸쳐서 이루어진 것인데, 그것이 처음으로 세상에 밝혀진 것은 1879년 케임브리지대학 출판부에서 나온 『헨리 캐번디시의 전기학 연구』라는 책에 의한 것입니다.

1870년 캐번디시의 큰 집에 해당하는 캐번디시 공(公)으로부터 케임브리지대학에 물리학 실험실을 만들기 위한 기부가 있어서 최초의 소장으로 뽑힌 사람이 이전에 기체분자 운동론에서 언급했고, 또 뒤에서도 다시 이야기하게 되는 유명한 클라크 맥스웰이었습니다.

맥스웰은 캐번디시가 남겨놓은 원고를 정리하게 되어 5년에 걸친 수고 끝에, 죽기 몇 주 전에 이 책의 출판을 보았습니다. 만약 캐번디시의 이 연구가 좀더 빨리 세상에 알려져 있었더라면 하는 아쉬움이 있는데, 이런 점에서도 캐번디시의 별난 성격을 엿볼 수 있을 것입니다.

〈그림 30〉을 봅시다. A, B라고 쓴 것은 중심을 공유하는 두 개의 도체공입니다. 속의 공 B는 절연체 C의 손잡이가 달려 있어, 전기가 달아나지 못하게 되어 있습니다.

실험은 먼저 B가 전혀 전기를 띠고 있지 않도록, B의 전기를 전부 지면으로 흘러나가게 해 주는 데서부터 시작됩니다. 다음에는 레이덴병으로부터 전기를 이끌어 와서 A를 대전시킵니다. 이 전기는 외부의 구면 위에 균일하게 분포합니다. 가령

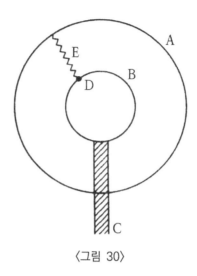

〈그림 30〉

이 전기가 양전기였다고 하고서 이야기를 진행합시다.

　앞의 〈그림 29〉에서 대전한 D를 A에 접근시켰을 때, A 안에 양음 두 전기의 분리가 일어났듯이, 지금의 경우에도 본래 전기적으로 중성이었던 B 안에 양음 두 전기의 분리가 일어납니다.

　그 B 안의 한 점, D에 생긴 음전기에 대해 생각해 봅시다. 이 음전기는 A 위의 각 점의 양전기로부터 인력을 받게 되는데, 그 합력(合力)에 대해서 다음과 같은 것이 수학적으로 증명됩니다. 「D점에 있는 음전기와 A 위의 각 점에 있는 양전기 사이에 작용하는 힘이, 양쪽 점을 연결하는 선 위에 작용하고, 또한 그 크기가 두 점간의 거리 r만큼에 관계하며, 그 형태가 $\frac{1}{r^n}$일 때, n>2라면 D점은 A로 끌어당겨지는 것과 같은 합력을 받고, n<2인 때는 A로부터 척력을 받으며, n=2인 때는 인

162

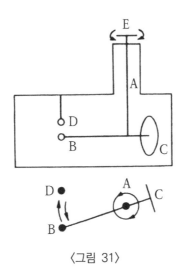

〈그림 31〉

력도 척력도 작용하지 않는다」

그러므로 가령 n>2인 때는 D와 A를 도체 E로 접속하면, A의 양전기가 B로 흘러들거나 B의 음전기가 A로 흘러나가거나 하는 어느 하나의 일이 일어나서 결국 본래 중성이었던 B는 양전기를 띠게 될 것입니다. n<2인 때는 마찬가지로 B는 음전기를 띠게 될 것입니다. n=2인 때는 B는 본래대로 조금도 전기를 띠지 않을 것입니다.

실험의 결과, B는 아무런 전기도 띠고 있지 않다는 것이 확인되었습니다. 그러므로 이 실험에 의해서 두 점간의 전기력은 그 거리의 제곱에 반비례한다는 것을 안 것입니다. 이것은 다시 약 10년 후인 1785년에 프랑스의 쿨롱(Charles Augustin de Coulomb, 1736~1806)에 의해서, 더 직접적인 방법으로 증명이 되었습니다.

〈그림 31〉을 봅시다. 유리로 만든 원통에 두 개의 구멍이 뚫

려져 있고, 그 하나의 구멍으로부터는 그림의 A로 표시한 가느다란 은 철사가 매달려 있습니다. 그 끝에는 파라핀으로 덮어씌운 명주 끈의 막대가 매달려 있고, 그 막대의 한 쪽에는 수지로 만든 작은 공 B가, 다른 쪽에는 종이로 만든 물체 C가 부착되어 있습니다.

C는 B의 균형을 유지시키기 위해서, 또 진동을 빨리 감쇠시키기 위해 부착해 둔 것입니다. A의 은 철사는 그 머리에 있는 나사를 돌려서 비틀 수 있습니다. 그리고 또 하나의 구멍으로부터는 절연체의 선단에 부착된 수지공 D가, 용기 속에 B와 같은 높이까지 넣어져 있습니다.

실험과정은 다음과 같습니다.

수지공 B, D에 같은 종류의 전기를 줍니다. 그러면 B, D 사이의 척력 때문에 철사 A는 〈그림 31〉의 아래 그림에서 보인 것과 같이 시계바늘이 돌아가는 방향과 반대로 비틀려집니다. 그래서 막대 BC를 본래의 위치로 바로 잡기 위해서는, 철사머리를 시계가 돌아가는 방향으로 비틀어 주지 않으면 안 됩니다. 그러려면 철사의 비틀림에 대한 규칙을 모르면 안 됩니다. 그 규칙으로서는 철사 A, 또는 같은 일이지만 막대 BC를 어느 각도만큼 비틀기 위해서는 머리 E를 이것에 비례한 어느 각도만큼 비틀어 주면 된다는 것을 알고 있었습니다. 이와 같은 장치를 사용하여 쿨롱은 「두 개의 같은 종류에 대전한 두 공 사이의 척력은, 그 공의 중심 사이의 거리의 제곱에 반비례한다」는 관계를 확인한 것입니다.

여기서 주의할 점은 쿨롱의 실험에서는 이 관계가 캐번디시의 경우와는 달리 직접으로 실험되고 있다는 것입니다. 앞에서 말한 캐번디시의 실험은 말하자면 이 관계를 적분하여 얻게 된 것입니다.

쿨롱은 또 전기의 인력에 대해서도 위의 관계를 확인했으며, 자기력에 대해서도 마찬가지 관계가 성립하는 것을 확인했습니다.

이 쿨롱이 사용한 장치를 '비틀림저울'이라고 하는데, 이 비틀림저울을 사용하여 쿨롱의 실험으로부터 다시 약 10년이 지난 후 앞에서 말한 캐번디시가 지상의 두 물체 사이에 작용하는 만유인력을 측정했다는 이야기를 할까 합니다.

앞에서 뉴턴이 행성과 태양 사이에 작용하는 인력이 태양 주위로 행성을 돌아가게 하고, 지구와 달 사이에 작용하는 인력이 지구 주위로 달을 돌아가게 하고, 다시 지구와 지상의 물체 사이에 작용하는 인력이 물체를 낙하시키게 하는 것이라고 하는 것을 제시했었다는 것에 대해 설명했습니다. 뉴턴은 이들 물체 사이에 작용하는 힘은 그것들의 질량의 곱에 비례하고, 그 사이의 거리의 제곱에 반비례하는 힘이라는 것도 증명했습니다.

이것으로부터 뉴턴은 무릇 우주 사이의 모든 물체는 앞에서 말한 것과 같은 힘으로써 서로 끌어당기고 있는 것이 틀림없다고 생각하고, 이것에다 만유인력이라는 이름을 붙였던 것입니다. 그러나 지구 위의 두 물체 사이에 이와 같은 힘이 작용하고 있다는 것은 아직 실험적으로는 확인되지 않고 있었는데, 캐번디시가 이것을 완전히 확인한 셈이 됩니다.

쿨롱의 실험을 알게 된 여러분에게는 캐번디시의 실험을 자세히 설명할 필요는 없을 것이라고 생각합니다. 다만, 앞에서 든 〈그림 31〉에서 B대신 질량이 작은 공을 막대 끝에 달고, D

대신 질량이 큰 공을 두어 이 사이에 작용하는 힘을 비틀림저울로 측정했습니다.

그리고 앞에서 뉴턴이 예상했던 것과 같은 힘이 지상의 두 물체 사이에 작용하고 있다는 것을 증명했던 것입니다. 1798년의 일이었습니다. '전기력에 관한 캐번디시의 실험'과 더불어, 캐번디시는 물리학의 역사상 불후의 이름을 남기게 되었습니다.

9. 동물전기, 전지

여기서 자기가 전기와 다른 점을 짚고 넘어가려 합니다. 전기에서는 양전기와 음전기가 분리되어 나타나지만, 자기에서는 양전기와 음전기가 반드시 더불어 나타난다는 점입니다. 여러분이 잘 아는 막대자석에는 남극과 북극이 있는 것은 물론이지만, 자석을 절반으로 구부렸을 때 더욱 이상한 일이 일어납니다. 구부리기 전에는 남극도 북극도 아니었던 절단면에 자석의 극이 나타나서, 구부려진 부분이 앞의 막대자석처럼 남북의 극을 지니고 있는 것입니다.

이것은 이 절반으로 구부린 자석을 다시 절반으로 구부렸을 때에도, 그 절반을 다시 절반으로 했을 때에도 일어납니다. 즉, 자석에 있어서는 양과 음의 자기는 늘 더불어 나타납니다.

그렇다면 도대체 쿨롱의 실험을 자석에 대해서 어떻게 할 수 있었느냐는 질문이 나올 것 같습니다. 그것을 하려면 기다란 막대자석을 만들면 됩니다. 그렇게 하면 한 극과 비교해서 다른 극이 훨씬 멀리 떨어져 있게 되어, 겉보기로는 하나의 극을 끄집어낸 것과 같아집니다. 실제로 이 같은 주의를 하여 쿨롱의 실험이 이루어진 것입니다.

다시 전자기학의 역사를 추적해 보기로 합시다. 때는 마침, 쿨롱의 실험이 실시되기 5년 전인 1780년입니다. 이탈리아의 볼로냐대학에서 해부학 교수로 있던 갈바니(Luigi Galvani, 1737~1793)는 전기로 개구리의 근육이 수축하는 실험을 하고 있었습니다. 그것은 기전기로 전기를 일으켜 개구리의 몸속으로 통과시키는 실험입니다. 갈바니의 부인도 이 실험을 거들고 있었는데, 어느 날, 해부용 나이프를 개구리의 근육에 닿게 했을 뿐 전기를 통하지 않았는데도 개구리의 근육이 팔딱팔딱 움직이고 있는 것을 발견하고, 그 사실을 남편인 갈바니에게 알렸습니다.

갈바니도 이상하게 생각하여 조사해 본즉, 다음과 같은 사실을 알게 되었습니다. 그것은 개구리의 몸을 구리판 위에 놓거나 구리에 매달거나 하여, 이것에 해부용 나이프를 닿게 하면 전기를 통하지 않아도 개구리의 다리가 팔딱팔딱 움직인다는 것입니다. 갈바니는 이것은 개구리와 같은 동물체 속에 특별한 전기가 흐르고 있는 것이라고 생각하고, 이것에도 '동물전기'라는 이름을 붙였습니다. 동물전기의 평판은 대단해서 소문이 번지자 많은 사람이 연구를 하게 되었습니다. 그 중에 같은 이탈리아의 파비아대학 교수이던 알렉산드로 볼타(Alessandro Volta, 1745~1827)라는 사람이 있었습니다.

갈바니의 실험에서는 구리와 쇠 사이에 개구리의 몸을 두었지만, 개구리 대신 무언가 다른 것을 두면 어떻게 될까 하고 볼타는 생각했습니다. 그래서 그는 식염수나 산에 적신 천을 아연과 구리원판 사이에 번갈아 두고, 오늘날 '볼타의 전지'라

불리는 것을 고안했습니다. 또 원통형의 그릇 속에 붉은 황산을 넣고, 그 속에 아연과 구리판을 세우고, 그것들을 철사로 접속하면 전류가 흐르는 지금의 '전지'를 발명했습니다. 볼타의 이 보고가 1800년 전지의 평판이 자자하자, 그 해 11월에는 나폴레옹 1세로부터 파리로 와서 전지의 실험을 보여 달라는 초청을 받게 되었습니다. 그는 나폴레옹 앞에서 물의 전기분해 실험을 해 보였습니다. 나폴레옹은 매우 기뻐하며 훈장과 상금을 그에게 주었습니다. 후에 그는 이 공적으로 백작의 작위와 롬바르디아의 원로원 의원의 자리를 받았습니다.

1814년 영국의 화학자 데이비(Humphry Davy, 1778~1829)를 따라 백면(白面)의 청년 마이클 패러데이(Michael Faraday, 1791~1867)가 이탈리아를 방문했을 때, 볼타는 백작의 예복을 입고 이 멀리서 온 손님을 맞아 그를 놀라게 했다고 합니다. 그 일은 차치하고, 전지 분야는 이후 1803년에 독일의 리터(Johann Wilhelm Ritter, 1776~1810)라는 사람이 지금의 '축전지'를 발명하기도 하여 크게 진보했습니다.

전지의 발명에 의해서 물리학이 받은 혜택은 그것에 의해 정상적(定常的)인 전류가 얻어지게 된 일입니다. 그때까지의 전기라고 하면 레이덴병에서 얻어지는 일종의 불꽃뿐이었으므로, 전지의 발명에 의해 전자기학이 받은 영향은 상상하기 어렵지 않을 것입니다.

10. 장의 법칙, 고슴도치형 전기장과 자기장

과연 전지의 효능은 금방 나타났고, 여기에 유명한 외르스테드(Hans Christian Örsted, 1777~1851)의 실험이 이루어졌습니

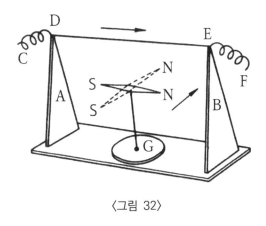

〈그림 32〉

다. 전지가 발명되고부터 20년이 지난 1820년의 일입니다. 덴마크의 코펜하겐대학의 교수 외르스테드가 대학의 강의 실험에서 전류의 실험을 해 보이고 있었는데, 그때 곁에 있었던 자석이 움직이는 것을 보고 매우 이상하게 생각하여 여러 가지로 조사해 본 데서부터 이야기가 시작됩니다.

〈그림 32〉는 외르스테드가 사용한 실험 장치를 나타낸 것입니다. 나무 받침대 G 위에 기둥 A, B가 서 있고, 그 기둥을 통해서 철사 CDEF가 부착되어 있습니다. 또 이 나무받침대 G에는 자침 NS가 부착되어 있습니다. 철사 CDEF에는 처음에는 전류가 통해 있지 않고, 그때 자침은 그림에 실선으로 그려진 위치를 가리키고 있는 것으로 합니다. 그런데 철사 CDEF에 그림의 화살표로 표시한 방향으로 전류를 통하게 하면, 자침의 N극은 그림에 화살표로 표시한 방향으로 힘을 받고 S극은 이것과는 반대방향의 힘을 받아, 결국 자침은 그림에 점선으로 표시한 위치까지 회전하여 멎습니다. 더욱이 철사에 통하는 전류가

세면 셀수록 자침의 원위치로부터의 진동이 커지는 것입니다.

이 실험은 당시의 사람들에게는 참으로 불가사의한 실험이었습니다. 그것은 이것이 전기와 자기라고 하는, 지금까지 전혀 관계가 없는 것이라고 생각되고 있던 두 현상 사이의 관계였기 때문은 아니었습니다. 그 자침에 작용하는 힘의 방향이 너무도 별났기 때문입니다.

그 무렵에 알려져 있던 힘이라고 하면 뉴턴의 만유인력이든 캐번디시나 쿨롱의 전기력 또는 자기력이든, 그 힘이 작용하는 방향은 관계되는 것을 결부시키는 직선의 방향이었습니다. 이번 것은 전혀 다른 것이었습니다. 사람들이 당황한 것도 무리는 아니었습니다. 힘의 방향에 관해서 완전히 처음부터 다시 시작하지 않으면 안 되었던 것입니다. 그러나 낙심하지 말고 다시 출발하기로 합시다. 어떤 방법으로 다시 출발해야 할까요? 여러분이라면 어떻게 하겠습니까?

이하에서 말하는 것은 패러데이나 맥스웰이라는 사람들이 취한 방법으로, 풍요로운 결실을 맺은 방법입니다. 그들은 먼저 여러 가지 자연에 대한 강압적인 사고방법을 버리고, 실제로 자연으로 일어나고 있는 일을 충실하게 스케치하고 기술하려고 시도했습니다.

여기서 생각을 돌이켜 봅시다. 역학에서 운동의 법칙을 발견했을 때도 이 방법에 의거했었습니다. 케플러나 갈릴레오는 충실하게 자연을 스케치했습니다. 그리고 거기서부터 뉴턴의 운동의 법칙이 태어났습니다.

〈그림 33〉을 봅시다. 이것이 쿨롱에 의해 발견된 전기력의 스케치입니다. 약간의 설명을 하겠습니다.

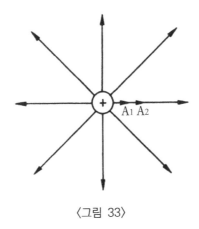

〈그림 33〉

한가운데에 (+)라고 쓰인 동그라미가 그려져 있는 것은 거기에 공 모양의 양전기가 있다는 뜻입니다. 그 양전기로부터 문어발처럼 사방으로 뻗어있는 선은 다음과 같이 해서 만든 것입니다. 그림에도 A_1, A_2로 작은 화살표가 그려져 있는데, 이것은 A_1이든 A_2이든 작은 양전기를 두었을 때 그것이 쿨롱의 척력에 의해서 반발되는 힘의 방향을 가리키는 것입니다.

쿨롱의 척력은 관계하는 두 개의 전기를 결부시키는 방향으로 작용하는 것이었으므로, 여러분도 이 표현에는 찬성할 것입니다. 이 작은 화살표를 접속하고 또 접속해서 된 것이 그림에 8개나 그려져 있는 문어발입니다. 실제는 그림으로는 그릴 수가 없으나, 이 발은 중앙의 공 모양을 한 전기로부터 고슴도치의 털처럼 사방으로 뻗어 있습니다. 이 스케치는 힘의 방향을 가리키는 것 이상으로 보다 더 깊은 의미를 지니고 있는 힘의 스케치화인 것입니다.

이 스케치를 보면 금방 알 수 있듯이, 중심의 양전기에 아주 가까운 곳에서는 이 고슴도치의 털이 밀집해 있습니다. 그리고 이 중심의 양전기로부터 멀어질수록 그 밀도가 작아집니다. 중심의 양전기로부터의 거리가 2배로 되면 밀도는 4분의 1로 되고, 3배가 되면 9분의 1이 됩니다. 요컨대, 이 고슴도치의 털을 닮은 힘의 선의 밀도는 중심의 양전기로부터의 거리의 제곱에 반비례해서 줄어듭니다. 그러므로 앞으로 어느 점에서의 이 힘을 나타내는 선의 밀도가 그 점의 전기력의 크기를 나타내는 약속이라고 하면, 〈그림 33〉은 쿨롱의 전기력의 완전무결한 스케치화가 되는 셈입니다. 이 스케치를 가리켜 앞으로는 '고슴도치형 전기장'의 그림이라고 부르기로 합시다. 전기장이란 거기서 전기가 운동을 하는 운동장이라는 뜻입니다.

그러면 이 스케치화가 만들어진 시점에서 이것을 말로 표현해 보기로 합시다. 이것은 「고슴도치형 전기장의 중심에는 전기가 있다」 또는 「고슴도치형 전기장의 근원은 전기이다」 정도로 하면 될 것입니다.

다음에는 〈그림 33〉을 모방하여, 이것에 대응하는 자기장의 그림을 그려보려 하는데, 곤란하게도 그런 그림은 그릴 수가 없습니다. 앞에서 말했듯이 양전기와 음전기는 반드시 더불어 나타나는 것이므로, 〈그림 33〉처럼 양전기만을 끄집어낸다는 것은 원래 어떤 방법으로도 불가능합니다. 이것도 중요한 점으로서, 「고슴도치형 자기장이란 것은 없다」고 할 수 있습니다. 〈그림 33〉에 대응하는 자기장의 그림을 그릴 수 없으므로, 대신 자기장의 대표적인 그림으로 〈그림 34〉의 막대자석의 그림을 살펴보겠습니다.

(+)라고 쓴 곳에는 자석의 양극이 있고, (-)라고 쓴 곳에는

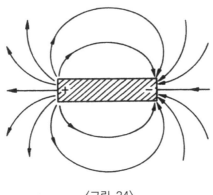

〈그림 34〉

자석의 음극이 있습니다. (+)라고 쓴 곳 바로 가까이의 상태만을 본다면 〈그림 33〉과 흡사할 것입니다. 또 (−)라고 쓴 바로 가까이의 상태는 〈그림 33〉의 화살표 방향을 반대로 한 그림과 흡사할 것입니다.

말하자면 〈그림 34〉는 고슴도치형의 장(場)을 두 개 합친 '쌍둥이 고슴도치형'이라고 할 수 있습니다. 앞에서 「고슴도치형 자기장이라는 것은 없다」고 했으나, 이것은 엄밀하게는 '쌍둥이가 아닌', '단독인' 고슴도치형 자기장이라는 것은 없다고 하는 편이 나을는지 모르겠습니다.

고슴도치형 장의 이야기가 길어졌지만, 이쯤에서 외르스테드의 실험과 관계되는 다른 형의 장에 대한 이야기로 옮겨가겠습니다.

11. 장의 법칙, 나이테형 자기장

외르스테드의 실험으로 돌아가서 〈그림 35〉를 봅시다. 전류

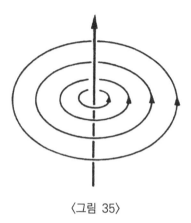

〈그림 35〉

는 그림의 철사 아래서부터 위로 흐르는 것으로 합니다. 〈그림 32〉의 N자 옆에 쓴 것과 같은 작은 화살표, 즉 양자기가 이 자기장 속에 운동하는 방향, 또는 같은 일이지만, 양자기에 작용하는 힘의 방향을 접속하고 또 접속해서 힘의 선(역선, 力線)의 스케치한 것이 〈그림 35〉입니다.

마치 나무의 나이테와 같이 철사를 에워싸는 동심원이 이 경우의 선입니다. 이 장(場)에 '나이테형 자기장'이라는 이름을 붙이기로 합시다. 그렇게 하면 외르스테드의 실험은 「나이테형 자기장의 근원은 전류이다」라고 하게 되는 셈입니다.

'쌍둥이 고슴도치형 자기장'의 이야기는 앞에서 말했었는데, 이번에는 '쌍둥이의 나이테형 자기장'을 보이겠습니다. 이것을 만드는 것은 간단하여, 〈그림 36〉의 왼쪽 그림처럼 원형 철사에 그림과 같은 방향으로 전류를 통하게 하면 됩니다. 그 결과로 생기는 '쌍둥이의 나이테형 자기장'은 〈그림 36〉의 오른쪽에 나타냈습니다.

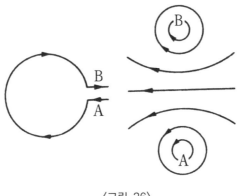

〈그림 36〉

　이것은 만들어진 자기장을 바로 위에서부터 본 그림으로, AB
로 적혀 있는 것이 철사이고, 전류(철사 A)는 종이의 뒷면으로
부터 여러분 쪽으로 향해서 흘러오는 듯한 방향으로 되어 있습
니다. '단독의 나이테형 자기장'을 알고 있을 여러분에게는 그
림이 이해가 될 것으로 생각합니다. 그래서 〈그림 36〉의 원형
철사를 몇 개나 겹쳐 놓은 듯한 솔레노이드가 만드는 자기장의
그림을 그려도 여러분에게는 금방 이해가 될 것입니다.
　이 솔레노이드라는 것은 〈그림 37〉의 왼쪽에서 ACB로 표시
한 선의 B방향으로부터 A를 보았을 때, 〈그림 37〉의 오른쪽의
원형 철사를 몇 개나 겹친 것으로서, 마치 의자나 바리캉 등에
쓰이는 스프링 형태로 되어 있는 것입니다. 이 솔레노이드에
그림의 화살표처럼 종이의 표면으로부터 뒤로 아랫방향으로 전
류를 통했을 때 생기는 자기장의 그림이 〈그림 37〉의 왼쪽 그
림입니다. 원형 철사에 흐르는 전류가 만드는 자기장을 알고
있는 여러분은 이 그림도 금방 이해할 수 있을 것이라고 생각

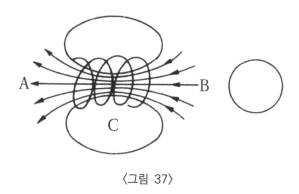

〈그림 37〉

합니다.

이에 대해서 여러분이 주의해야 할 일이 두 가지 있습니다. 하나는 솔레노이드의 중앙부 C에서는 역선이 모두 평행이고, 더욱이 그 밀도가 균일하다는 점입니다. 균일한 자기장을 얻기 위해서 자주 솔레노이드가 사용되는 것은 이 성질을 이용한 것입니다.

둘째는 〈그림 37〉을 〈그림 34〉의 막대자석을 만드는 '쌍둥이 고슴도치형의 자기장'과 비교해 보면 금방 알 수 있겠지만, 양쪽이 똑같다는 점입니다. 사실 이 일은 1820년 외르스테드의 실험 보고가 프랑스의 학사원에서 발표되었을 때, 당시 파리공과대학의 교수였던 앙페르(André-Marie Ampère, 1775~1836)가 즉시 수학적으로 증명한 바 있습니다.

12. 전자기장의 법칙

앞 절에서 '나이테형 자기장의 근원은 전류이다'라는 이야기를 했습니다. 그런데 '나이테형 자기장'을, 철사에 전류를 통하지 않

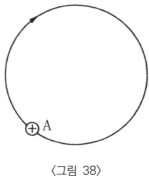

〈그림 38〉

고서 만든 사람이 있습니다. 미국의 롤랜드(Henry Augustus Rowland, 1848~1901)입니다.

1878년 그가 실시한 유명한 실험은 다음과 같습니다.

〈그림 38〉에 보였듯, 대전한 공을 원형궤도를 그리며 빙글빙글 돌아가게 하는데, 그 결과로 생긴 자기장은 〈그림 36〉의 '쌍둥이의 나이테형 자기장'이었습니다. 장의 용어로 말하면, 대전해서 공이 움직인다는 것은 결국은 전기장이 시간적으로 변화한다는 것입니다. 그 말은 결국, '나이테형 자기장의 근원은 전기장의 변화이다'라는 말이 됩니다. 그것과 앞의 일을 합쳐서 「나이테형 자기장의 근원은 전류 및 전기장의 변화이다」라고 할 수 있을 것입니다.

지금까지 우리는 장에 관한 몇 가지 지식을 얻었습니다. 여기에서 한번 정리해 보기로 합시다.

단독 고슴도치형 전기장의 근원은 전기이다.

단독의 고슴도치형 자기장은 없다.

나이테형 자기장의 근원은 전류 및 전기장의 변화이다.

그런데 또 하나, 나이테형 전기장에 관한 규칙이 있었으면 하는 생각이 듭니다. 다행하게도 이 규칙이 영국의 마이클 패러데이에 의해 1831년 발견되었습니다.

13. 마이클 패러데이—나이테형 전기장

마이클 패러데이는 1791년, 런던 교외의 뉴잉턴에서 태어났습니다. 아버지는 말발굽을 만드는 대장장이였습니다. 집이 가난했기 때문에 13세 때 제본소의 직공으로 들어갔습니다. 이곳에서 틈틈이 책을 읽는 것이 그에게는 더없는 즐거움이었습니다.

그는 이 시절을 이렇게 회상했습니다. 「특히 내게 도움이 된 책이 두 가지 있었다. 하나는 대영백과사전(大英百科辭典)으로서, 나는 이것으로부터 전기학에 관한 최초의 개념을 얻었다. 다른 하나는 마르셋 부인의 『화학 대화(化學對話)』로 이 책은 내게 화학의 근저를 얻게 해 주었다.」

과학에 흥미를 느낀 패러데이는 스스로 보잘것없는 연장을 만들어 실험하기도 했습니다. 그 무렵 이 곳의 손님이었던 왕립학회의 한 회원이, 패러데이의 향학열에 감탄하여 당시 가장 유명한 화학자였던 데이비의 왕립학회에서의 강연 내용을 들을 수 있게 편의를 제공해 주었습니다. 패러데이는 크게 기뻐하여 이 강연을 듣고 와서는, 낮의 고달픔도 잊고 듣고 온 강연을 깨끗이 노트에 정리했습니다. 그러는 동안에 그는 아무래도 과학을 공부해야겠다는 결심을 굳혔습니다.

그래서 그는 왕립학회 앞으로 편지를 써 보냈지만, 제본소의 직공이라 해서 아무도 상대를 해 주지 않았습니다. 그래서 그는 데이비에게 그의 강의를 깨끗이 정리한 노트와 함께 「너무도 이기적인 지금의 일을 버리고, 자유와 온화가 지배하는 과학의 일을 하고 싶습니다. 어디라도 좋으니까 과학실험소의 일을 하고 싶습니다」 하는 편지를 써 보냈습니다. 데이비는, 패러데이가 기술한 바에 따르면, '즉시 또 친절한' 회답을 주면서 면회를 오라고 했습니다.

데이비는 과학의 일이 어렵다는 것과 수입이 적다는 것을 누누이 말하고 패러데이의 생각을 바꿔 놓으려고 했으나, 패러데이의 결심은 흔들리지 않았습니다.

다행히 1813년 3월, 왕립연구소의 조수 자리가 비어 여기에 물리학의 역사에 빛나는 거인을 맞아들이게 되었습니다. 그해 가을, 패러데이는 데이비를 따라 유럽대륙으로 여행을 떠났습니다. 앞에서 말한 예복을 걸친 볼타를 밀라노에서 만난 것도 이 여행에서입니다.

유럽여행에서 영국으로 돌아온 그의 가슴은 희망에 부풀어 있었습니다. 이리하여 그는 과학의 일에 착수했던 것입니다. 패러데이의 초기의 연구에는 화학에 관한 것이 많고, 그 중에서도 염소가스의 액화(1823), 벤젠의 발견(1824)이 유명합니다.

한편, 1820년에 유명한 외르스테드의 실험이 있었습니다. 외르스테드의 실험에서는 철사에 전기를 통하게 하면 자침은 흔들린 그대로의 위치에 멎어 있었는데, 패러데이는 이 실험을 검토하여 마침내 철사에 전기를 통하게 함으로써 자침을 연속적으로 회전시키는 일에 성공했습니다. 1821년의 일로 오늘날 사용되고 있는 모터의 시초입니다.

1824년, 그는 왕립학회의 회원으로 선출, 이듬해에는 왕립학회의 실험주임이 되었습니다. 이 무렵부터 '나이테형 전기장'의

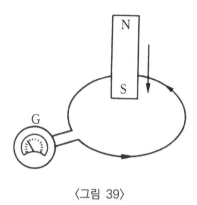

〈그림 39〉

연구가 시작되었습니다. 전에 한번 전자기장의 법칙을 정리해 보았었지만, 그것을 본 여러분은 나이테형 전기장의 근원은 자기장의 변화가 아닐까 하고 생각했을 것입니다. 사실이 그러했습니다. 이 일은 1831년 패러데이에 의해서 비로소 밝혀진 일입니다.

그의 실험은 다음과 같이 해서 이루어졌습니다. 〈그림 39〉를 봅시다. 철사를 원형으로 감아 이것을 전류계에 접속해 둡니다. 그리고 자석 NS를 그림의 화살표 방향(철사 고리 속)으로 찔러 넣습니다. 그렇게 하면 전류계 G가 갑자기 진동해서 이철사에 전류가 흐른 것을 가리킵니다.

자세히 살펴보면, 전류가 흐르는 방향은 그림의 철사에 표시한 화살표 방향이라는 것을 알 수 있었습니다. 그러면 이 실험을 장의 용어로 고쳐봅시다. 전류가 흘렀다는 것은 철사를 통해서 전류를 흐르게 하는 전기장이 있다는 것입니다. 이 전기장이 나이테형이라는 것도 〈그림 39〉를 보면 알 수 있습니다.

그런데 '나이테형 전기장'을 발생시킨 것은 자석의 운동이었습니다. 자석의 운동이란, '자기장의 변화'입니다. 이리하여 우리는 전자기장의 법칙의 마지막 것에 도달했습니다. 「나이테형 전기장의 근원은 자기장의 변화이다」패러데이에 의해서 이루어진 이 실험이야말로 바로 오늘날의 발전기의 시초가 되는 것이었습니다.

자기장의 변화는 굳이 자석을 움직이지 않아도, 이를테면 〈그림 36〉과 같은 원형 철사에 전류를 통하거나 자르거나 해도 되는 것으로서, 이 경우에는 '쌍둥이 나이테형 자기장'이 나타나거나 없어지거나 하는 자기장의 변화가 일어난 셈입니다.

이와 같은 방법에 의해, 다른 철사 속으로 전류가 흐른다는 것은 실험에 의해서 금방 확인할 수 있는 일인데, 이것이야말로 지금 말한 전자기장의 마지막 법칙이 옳다는 것을 입증하는 것입니다. 이렇게 해서 우리는 전자기장의 법칙을 모두 얻었습니다.

생각해 보면, 외르스테드의 실험에서 힘이 작용하는 방향이 예상 밖의 방향인 것에 놀라, 앞으로는 힘에 관한 일체의 사전 예측을 버리고 그저 충실하게 역선의 스케치를 그리기로 한 데서부터 우리는 출발했던 것입니다. 그리고 지금까지의 설명에서는, 전자기장의 법칙이라고는 하지만, 그것은 곧 지금까지 해온 실험의 충실한 스케치일 따름입니다. 그러나 여기에서부터 놀라운 결과가 나타나, 전자기장의 이론을 반석 같은 기초 위에 올려놓게 됩니다.

14. 제임스 클라크 맥스웰

그것에는 제임스 클라크 맥스웰의 등장을 기다려야 했습니다. 맥스웰은 1831년 영국의 에든버러에서 태어났습니다. 패러데이의 생애에 비하면 그의 생애는 무척 순조로웠습니다. 오로지 학문을 위해 바친 48년의 생애였습니다. 아버지는 변호사였습니다. 에든버러는 영국의 스코틀랜드라는 시골에 있는데, 이런 대자연 속에서 맥스웰은 자라났습니다.

막대를 휘두르며 들판을 뛰어다니고, 빨래통을 타고 연못을 건너고, 개구리의 뜀뛰기를 흉내 내는 등 시골 아이들이 하는 일은 무엇이든 했습니다. 그는 무엇이든 물어보고자 하는 호기심을 지녔습니다. 「엄마, 연못물은 왜 강으로 흘러가지?」, 「초인종은 어째서 소리가 나는 거야?」, 「그리고」, 「그리고」 하며 연달아 질문을 해서는 어머니를 괴롭히는 것이었습니다. 10세 때 에든버러중학교에 입학하여 아버지에게서 물려받은 별난 복장을 하고 다녔습니다. 이때의 친구이며 후에 맥스웰과 더불어 유명한 물리학자가 된 테이트(Peter Tait, 1831~1901)가 기술한 바에 따르면, 「무례하기 그지없게도 바보 천치라는 별명이 붙여졌었다」고 합니다.

그의 재능은 일찌감치 나타나기 시작하여, 중학교를 졸업하던 16세 때에는 「난형곡선(卵形曲線)을 그리는 방법」에 관한 논문을 에든버러왕립협회의 보고서에 싣는 눈부신 성과를 냈습니다.

에든버러대학에서 2년간 공부한 뒤, 아버지를 움직여서 케임브리지대학으로 전학했습니다. 그 무렵의 그는 자석이나 유리, 편광 프리즘을 사용하여 물리실험에 열중했던 것 같습니다. 케임브리지대학의 2학년생이던 무렵부터 유명한 경쟁시험의 준비를 시작하여, 시험에서 2등을 차지하는 좋은 성적을 얻었습니다. 이어서 같은 시험을 거쳐 케임브리지의 펠로우(Fellow, 教友 教師)가 되었습니다. 이 무렵부터 그는 패러데이의 전자기에 관한 실험에 흥미를 가져 그것을 연구하기 시작했습니다.

　후에 출판된 전자기학에 관한 유명한 저서 『Treatise on Electricity and Magnetism』 서문에서 그는 「패러데이의 자연을 탐구하는 방법은 완전히 수학적이기는 하지만, 단지 세상에서 말하고 있는 수학기호를 쓰고 있지 않을 뿐이다」라고 기술하고 있습니다. 그리고 「나는 단지 패러데이의 사상을 수학의 말로서 번역한 데에 지나지 않는다」며 겸손해 하고 있는데, 이 무렵부터 그 말의 번역이 시작되었다고 생각해도 무방하리라 생각합니다.

　이 연구의 결과는 얼마 후 「패러데이의 역선에 대하여」라는 제목의 논문으로 되어 1855년 12월과 56년 2월에 발표되었습니다. 이 논문은 물론 패러데이에게도 보내졌습니다. 그것에 대한 패러데이의 감사편지가 남아 있습니다.

　그것에는 「당신의 논문을 감사히 받았습니다. 당신이 역선에 대해서 설명한 것에 대해 굳이 감사하려는 것은 아닙니다. 당신은 학문상의 진리를 위해서 저 일을 한 것이니까 말입니다. 그러나 그것은 내게는 고마운 일이며, 나의 사색에 많은 격려를 주었다는 점을 생각해 주기 바랍니다. 실제로 나는 이 문제에 이와 같은 수학적 힘이 관계 지어지는 것을 보고 정말로 놀랐습니다. 그리고 그것으로 여러 가지 문제가 잘 해결되는 것을 불가사의하게 생각했습니다……」라고 쓰여 있습니다. 앞서의 맥스웰의 말과 더불어, 물리학사에 불멸의 빛을 던져 주는 아름다운 대화입니다.

　1856년, 고향 스코틀랜드의 애버딘대학의 교수가 되어 1860년까지 머물렀습니다. 이 무렵의 유명한 논문은 토성의 고리에 대한 논문입니다. 맥스웰의 연구결과, 이 고리는 많은 결합해 있지 않은 물질의 덩어리로부터 설립되어 있다는 것이 증명된 것입니다. 이 논문에 대해서는 앞에서 이야기한 해왕성의 발견자 애덤스를 기념하여 설정된 애덤스상이 수여되었습니다. 이 연구와 관계하여 앞에서 말한 열의 분자운동설의 연구가 시작되었습니다. 1860년 런던의 킹스대학으로 옮겨가 거기서 1865년까지 있었습니다. 그리고 여기서 1864년 「전자기장의 이론」을 발표했습니다. 이 일에 대해서는 뒤에서 이야기하기로 하고, 계속하여 맥스웰의 생애를 추적해 보기로 합시다.

1865년, 교수직을 사퇴하고 고향으로 돌아왔습니다. 쉼 없는 연구에 몸의 피로를 느꼈기 때문입니다. 그러나 이 시대의 덕분으로 우리는 그의 '열학(熱學)'에 관한 저서를 가질 수 있었습니다. 또, 전자기학에 관한 저서 『Treatise』도 이 무렵에 쓰기 시작했습니다. 그러는 동안에 앞에서 말한 캐번디시연구소가 설립되어 그 소장으로서 그는 케임브리지대학의 교수로 임명되고, 1879년 세상을 떠날 때까지 그 자리에 있었습니다. 이 기간 동안 앞에서 말한 전자기학의 『Treatise』가 완성되었습니다.

앞에서 말한 캐번디시의 논문도 정리되었습니다. 1879년 11월 5일 그 빛나는 생애를 마쳤습니다.

그러면, 이제 전자기장의 이야기로 되돌아갑시다. 맥스웰은 1864년 논문에서 앞에서 우리가 조사한 바 있는 전자기장의 네 가지 법칙을 아름다운 수학의 말로써 표현했습니다. 맥스웰의 전자기장의 기초방정식이라고 불리는 것으로서, 이 기초방정식으로부터 어떤 훌륭한 결과가 이끌어져서 이 전자기장의 법칙의 옳음이 증명된 것입니다.

15. 19세기의 물리학

맥스웰의 1864년의 식을 수학적으로 변형시켜 가면 파동을 나타내는 식이 도출됩니다. 그러나 그 파동은 횡파로서 빛의 속도를 지니고 있다는 내용이었습니다. 빛을 파동이라고 생각함으로써, 빛을 입자로 생각해서는 아무래도 설명할 수 없는 여러 가지 현상을 설명할 수 있다는 사실을 우리는 확인했습니다.

한편, 빛의 속도가 1초에 지구를 7바퀴 반을 돈다는 것을 배웠고, 전기가 전도하는 속도가 너무 빨라서 측정할 수 없었다는 것에 대해서도 알았습니다. 이것들은 모두 빛이 전자기파라는 것, 전자기파에는 빛 이외에도 다른 종류가 있지만 그 속도는 모두 다 빛의 속도와 같다고 생각함으로써 잘 설명할 수 있습니다. 앞에서 말한 생각의 전반부를 '빛의 전자기파설'이라고 하는데, 맥스웰 이후 그 정당성이 각 방면에서 확인되어 왔습니다.

이리하여 빛의 학문은 전자기파의 학문 속으로 흡수되어 버렸습니다. 앞에서 말한 생각의 후반부, 즉 빛 이외의 전자기파는, 현재는 누구나가 알고 있는 일이지만, 1864년 맥스웰이 이런 생각을 말한 당시에는 아직 이것에 대한 실험은 전혀 없었습니다.

전자기파의 존재를 실험적으로 증명한 최초의 사람은 독일의 하인리히 헤르츠(Heinrich Rudolph Hertz, 1857~1894)로, 그것은 맥스웰이 전자기파의 존재를 예상하고서부터 20년 남짓 후인 1888년의 일이며, 비로소 맥스웰의 이론이 옳다는 것이 실험적으로 증명되었습니다. 맥스웰은 1879년에 죽었으므로, 자신의 이론이 실험적으로 증명된 사실을 모르고 죽은 셈입니다.

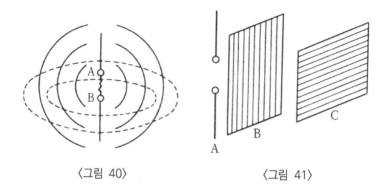

〈그림 40〉   〈그림 41〉

생전에 헤르츠의 실험이 성공했다는 것을 알았더라면 하는 아쉬운 생각을 누구나 가질 것입니다. 물리학의 역사 가운데서 있었던 애통한 부분이라 하겠습니다. 그러면 여기서 헤르츠의 실험에 대해서 잠시 언급하겠습니다.

〈그림 40〉을 봅시다. 금속막대의 한 끝에 금속공 A(또는 B)를 단 것을 두 개 대립시키고, 이것들을 감응코일이라고 하는 일종의 발전기의 양 극에 접속하여, A와 B 사이에 전기불꽃을 튀게 합니다. 이때 그림의 실선으로 그려진 것과 같은 전기장과, 점선으로 그려진 것과 같은 자기장이 생긴다는 것을 실험적으로 증명할 수 있습니다.

헤르츠는 이와 같은, 현재로 말하면 발신기와 수신기를 사용하여, 전자기장이 보통의 파동처럼 직진, 반사, 굴절, 간섭한다는 것을 증명했습니다. 헤르츠의 실험의 하나를 살펴보겠습니다.

〈그림 41〉에서 A는 발신기, B와 C는 평행으로 철사를 쳐서 만든 격자입니다. 그런데 B처럼 이 격자를 A의 금속공을 접속하는 선에 평행으로 두면 전기는 조금도 약화되지 않고 전해지지만, C처럼 이것에 수직으로 두면 전기가 두드러지게 흡수되

어 버리는 것입니다.

이것은 전기의 진동하는 면이 B의 철사방향에서 마치 〈그림 40〉의 실선과 같은 것이라고 생각하면 이해할 수 있는 일입니다. 이와 같은 파동은 B의 격자 틈은 통과할 수 있겠지만, C의 격자 틈은 통과할 수 없기 때문입니다. 이 실험은 전파(電波)의 '편위(偏位)'를 가리키는 실험입니다. 앞서 우리에게는 빛의 편광 현상이 숙제로 남아 있었습니다. 지금 이 숙제가 빛을 전자기파라고 생각하는 것으로서 해결된 것입니다.

16. 물리학의 최후와 재생

물리학의 역사를 더듬어 우리는 마침내 19세기 말에 다다랐습니다. 역학에서의 뉴턴의 운동의 법칙과 전자기학에서의 맥스웰의 방정식이 모든 물리현상을 설명하는 듯이 보인 것이 19세기 말이었습니다. 물리학자가 해야 할 일은 끝났다, 나머지는 그저 떨어져 있는 이삭이나 줍는 일뿐이다, 모두가 그렇게 생각했습니다.

그러나 탐구의 발걸음을 계속해 나간즉, 여러 가지 문제가 잇따라 일어났습니다. 이 곤란 가운데서 20세기의 새로운 물리학이 탄생합니다.

17. 19세기의 기술

(1) **와트, 플턴, 스티븐슨**　19세기는 증기와 전기를 이용한 응용과 기술의 세기이기도 합니다. 그 선구가 된 것은 제임스 와트(James Watt, 1736~1819)에 의한 증기기관의 발명입니다.

와트는 스코틀랜드의 작은 항구에서 태어났습니다. 어릴 적부터 기계를 만지작거리는 일과 그림에 흥미를 갖고 있었습니다. 글래스고대학에 드나들 수 있는 허가를 받아, 대학 구내에 기계 수리를 하는 점포를 운영하고 있었습니다. 그 동안 대학의 여러 사람을 거치며 역학과 물리학을 독학했습니다.

1762년, 대학에 비치된 뉴커먼(Thomas Newcomen, 1663~1729)이라는 사람이 만든 증기기관의 모형을 수리하라는 부탁을 받았습니다. 여기서부터 그는 증기기관의 연구에 발을 들여놓았습니다. 볼턴(Matthew Boulton, 1728~1809)이라는 사람의 도움을 얻어 1776년 단동(單動) 증기기관을 발명했습니다. 그 후에도 연구를 계속하여 1784년 왕복운동을 회전운동으로 바꾸는 복동(復動) 증기기관을 발명했습니다.

증기기관은 각 방면에 응용되었습니다. 또 1814년에는 스티븐슨(George Stephenson, 1781~1848)에 의해서 기차가 만들어졌습니다. 1819년에 와트가 83세로 그 생애를 마쳤을 때는 이미 5,000대 이상의 증기기관이 움직이고 있었다고 합니다.

(2) **모스, 벨, 마르코니**　1844년에 모스 부호로 유명한 모스(Samuel Finley Brees Morse, 1791~1872)가 최초의 전신기를 만들고 있습니다. 이것을 선구로, 19세기 후반에는 전기 기술의 꽃이 한꺼번에 활짝 피었습니다.

1873년 독일의 지멘스(Ernst Werner von Siemens, 1816~1892)가 직류발전기의 기초가 되는 발명을 하고 있습니다. 1876년에는 미국의 벨(Alexander Graham Bell, 1847~1922)이 최초의 전화기를 완성했습니다. 1879년에는 미국의 에디슨이 백열전구의 발명에 성공했습니다. 세기가 바뀔 무렵에 가까운

188

1895년에는 소비에트의 포포프(Aleksandr Stepanovich Popov, 1859~1905)와 이탈리아의 마르코니(Guglielmo Marconi, 1874~ 1937)가 각각 독립적으로 무선전신의 실험에 성공하고 있습니다. 마르코니는 그 후 영국에서 회사를 만들어, 1901년에는 대서양을 건너는 횡단통신에 성공했습니다.

(3) 토머스 에디슨 백열전등의 발명으로 유명한 토머스 앨바 에디슨(Thomas Alva Edison, 1847~1931)은 1847년 미국 오하이오주의 밀란에서 태어났습니다. 8세 때 초등학교에 입학하여, 저능아 취급을 받고 3개월 만에 퇴학했습니다. 그의 생애를 통해서 받은 정규 교육은 이것이 전부입니다.

그 후는 모친의 교육과 독학으로 공부를 했습니다.

수학만은 아주 질색이었습니다. 만년에 그는 「나는 수학자를 고용할 수 있다. 그러나 수학자는 나를 고용할 수는 없지 않느냐」고 농담을 하기도 했습니다. 수학은 질색이었지만, 물리와 화학에는 특별한 재능을 지니고 있었습니다. 그는 물리학자 패러데이가 쓴 책을 탐독했습니다.

10세쯤에서부터 화학실험에 열중했던 것 같습니다. 이 때문에 약품을 손에 넣고 싶었으나 돈이 없었습니다. 그래서 12세 때 철도의 신문판매원이 되어 돈을 벌기로 했습니다. 그러나 이번에는 아침 일찍이 나가 밤늦게 돌아오다 보니 실험을 할 겨를이 없었습니다. 그래서 그는 실험 장치를 열차 안으로 가져가서 거기서 화학실험을 했습니다. 그러다 그만 이 실험실에서 불이 나는 바람에 열차에서 내쫓기고 말았습니다. 1862년에 지인의 도움으로 전신술을 익힌 그는 신문판매원을 그만두

고 전신기사의 일을 하게 되었습니다. 1863년부터 5년간을 전
신기사로 일하며 방랑생활을 계속했습니다. 그 동안에 그는 자
동 중계 장치를 발명했고 또 축음기와 사중전신기(四重電信機)를
발명하는 실마리를 잡았습니다.

　22세 때에 뉴욕으로 나가 거기서 전기기사 사무소를 열었습
니다. 거기서 번 돈으로 뉴저지주의 뉴워크에 큰 공장을 세웠
습니다. 1870년, 에디슨이 23세 때의 일입니다. 공장을 경영하
던 7년 동안에 172개의 특허를 얻었습니다. 전신과 타이프라
이터 관계의 발명이 그 대부분을 차지하고 있습니다. 그 동안
그는 영국의 초빙을 받아 자기가 발명한 자동식 전신기를 가지
고 대서양을 건너가기도 했습니다.

　미국으로 돌아온 에디슨은 전신기의 개량을 계속하여, 마침
내 에디슨 자동식 전신기를 완성했습니다. 얼마 후 그는 전신
기 관계의 거센 장삿속에 휘말렸습니다. 장사는 그에게는 맞지
않았습니다. 1876년, 즉 26세 때 그는 공장 경영에서 손을 떼
고 발명에만 몰두하기 위해 뉴저지주의 멘로파크에 실험소를
만들었습니다. 여기서 한 첫 번째 일은 전화를 완성하는 일이
었습니다. 1876년 벨이 최초의 전화를 만들었는데, 이 전화는
장치가 좋지 않았기 때문에 그다지 잘 들리지 않았습니다. 에
디슨은 이 전화를 개량하여 탄소송화기를 사용하는 전화를 발
명했습니다. 현재의 전화는 그가 발명한 원리를 그대로 사용하
고 있습니다.

　다음은 축음기였습니다. 에디슨이 취입한 '메리의 양'이라는
동요가 축음기를 통해서 처음으로 들려진 것은 1877년 가을의
일입니다. 그 후에도 그는 축음기의 개량에 매달렸습니다.

축음기의 발명은 그의 성가를 높였습니다. 그 후 사람들은 그를 가리켜 '멘로파크의 요술쟁이'라고 부르며, 그가 다음에는 또 어떤 발명을 할까 하며 수근대고는 했습니다.

이러한 기대 속에서 그가 이루어낸 것이 '전등'의 발명입니다. 최초의 백열전등은 1879년 10월 21일에 켜져, 45시간 동안 빛을 내다가 꺼졌습니다. 이 전구의 실험 중에 발견한 '에디슨 효과'라고 불리는 현상은 후의 진공관 발달의 기초가 됩니다.

1889년 파리에서 만국박람회가 열렸습니다. 이때 미국관의 3분의 1 정도가 에디슨의 출품으로 채워졌다고 합니다. 에디슨은 유럽에서 크게 환영을 받으며 개선장군처럼 미국으로 돌아왔습니다. 그 직후에 착수하여 완성한 것이 영화촬영기와 영사기입니다.

그는 1931년 세상을 떠납니다. 그의 죽음은 발명가의 시대가 끝났음을 알렸습니다. 에디슨 이후 산업계에서는 기업 안에 연구소를 만들어, 과학적 연구는 기업을 위한 것으로 방향지어졌습니다. 조금 다른 의미에서는, 에디슨과 같은 개인플레이가 더 이상 듣지 않는 시대가 되었다고 볼 수도 있을 것입니다.

V. 20세기의 물리학

1. 에테르의 수수께끼

빛의 본성에 대해서 입자설과 파동설이라고 하는 두 가지 사고방식이 있었다는 것에 대해서는 앞에서 이미 말한 바 있습니다. 뉴턴은 빛을 입자라고 생각하고, 호이겐스는 빛을 파동이라고 생각하고 있었습니다. 제3장의 마지막에서 설명했듯이, 이두 가지 설 사이에서의 싸움은 끝내 파동설이 최후의 승리를 거두었습니다. 그러나 이 같은 승리를 거둔 빛의 파동설에도 약간의 의문점은 남아있었습니다.

파동에는 그것을 전하는 '매질(媒質)'이라 불리는 것이 있습니다. 이를테면 소리를 전하는 매질은 공기입니다. 닫힌 유리 용기 속에 벨을 넣어 두고 이 벨을 울립니다. 이렇게 해 두고 용기 속의 공기를 조금씩 뽑으면 이윽고 벨 소리가 들리지 않게 됩니다. 이것은 벨의 소리를 전하는 매질인 공기가 없어졌기 때문에 소리가 전해지지 않게 되었기 때문입니다. 일반적으로 파동은 매질이 없으면 전해지지 않는 것입니다. 이런 관점에서 보면 빛은 정말로 불가사의하지요?

앞에서와 같은 유리 용기 속에 광원을 넣어 두고, 용기 속의 공기를 조금씩 뽑아냅니다. 공기를 완전히 뽑아내어도 광원으로부터 나온 빛은 우리 눈에 들어옵니다. 즉 빛은 진공 속에서도 전해질 수가 있습니다. 상식적으로, 진공이라는 것은 아무것도 없는 것을 말합니다.

아무것도 없는 곳에 빛의 파동을 전하는 매질이 있다는 것은 어떤 것을 말하는 것일까요? 이러한 곤란을 해결하기 위해, 호이겐스에 의해 에테르라는 것이 고안되었습니다. 에테르는 진공을 포함하는 우주 공간에 가득히 차 있고 빛의 파동을 전하는 매질입니다.

에테르는 우리 눈에 보이지 않습니다. 눈에 보이지 않을 뿐 아니라, 또 하나 우리가 이해하기 곤란한 성질을 지니고 있습니다. 그것은 앞에서 말했듯이 빛이 횡파라고 하는 데서 오는 성질입니다. 앞서 말했듯이 횡파를 전하는 매질은 젤리와 비슷한 것이어야 합니다. 젤리를 닮았으면서도 우리 눈에는 보이지 않는 것, 이것이 에테르인 것입니다.

에테르는 우주 공간에 가득히 차 있습니다. 이를테면, 지구가 태양 주위를 공전하고 있습니다. 아마 다음과 같은 일이 일어날 것입니다.

지구의 공전방향을 향해 빛을 발사했다고 합시다. 앞에서도 말했듯이 진공 속에서의 빛의 속도는 초속 30만 킬로미터입니다. 지구의 공전속도는 초속 30킬로미터입니다. 즉 지구의 공전속도는 에테르의 바다를 전해가는 빛의 파동의 속도의 1만분의 1입니다. 같은 방향으로 달려가는 두 사람의 마라톤 주자를 생각해 보아도 알 수 있듯이, 이 경우, 지구 위에 있는 우리로부터 본 빛의 속도는 에테르의 바다에 정지해 있는 사람으로부터 본 빛의 속도보다 1만분의 1 만큼 늦을 것입니다.

이번에는 지구의 공전방향과는 반대로 빛을 발사했다고 합시다. 그 경우는 지구 위에 있는 우리로부터 본 빛의 속도는, 에테르의 바다에 정지해 있는 사람으로부터 본 빛의 속도보다 1만분의 1 만큼 빠를 것입니다. 따라서 지구의 공전방향으로 발사한 빛과 이것과는 반대방향으로 발사한 빛의 속도는, 에테르의 바다에 정지해 있는 사람으로부터 본 빛의 속도보다 1만분의 2만큼 어긋날 것입니다.

이와 같은 차이를 발견하려는 실험이 이루어졌습니다. 그 중에서 가장 유명한 것은, 1887년에 마이컬슨(Albert Abraham Michelson, 1852~1931)과 몰리(Edward Williams Morley, 1838~1923)의 실험입니다. 그러나 아무리 고생하며 실험을 거듭해도, 이와 같은 발사방향에 의한 빛의 속도의 차이는 발견되지 않았습니다. 즉, 빛의 전파속도는 이것을 관찰하는 사람의 속도에는 의하지 않고 일정하다는 결과가 나왔던 것입니다. 이것은 우주 공간에 충만해 있는 에테르를 생각하는 사람들에게는 큰 충격이었습니다.

2. 상대성이론

이 딜레마를 해결하기 위해 고안된 것이 1905년 아인슈타인(Albert Einstein, 1879~1955)에 의해 제출된 (특수)상대성이론입니다. 이 이론 가운데서 그는 에테르의 존재를 부정했습니다. 지금까지도 여러 가지 이해하기 힘든 점이 있었던 에테르였지만, 그 존재가 완전히 부정된 것입니다.

그렇다면 「빛의 진공 속에서의 속도는 이것을 관찰하는 사람의 속도에는 의하지 않는다」라고 하는 실험 사실을 아인슈타인은 어떻게 설명했을까요?

아인슈타인은 빛의 속도가 이것을 관찰하는 사람의 속도에 의해서는 바뀌지 않는다는 것이야말로 우리가 살고 있는 세계의 성질이라고 생각했습니다. 따라서 아인슈타인은 마이컬슨-몰리의 실험을 설명한 것이 아니라, 이 실험결과를 우주의 원리라고 생각하고 거기서부터 여러 가지 결론을 이끌어냈던 것입니다.

마이컬슨-몰리의 실험으로부터 아인슈타인이 끄집어낸 결론에는 다음과 같은 것이 있습니다. 「어떤 속도로 운동하고 있는 시계는, 정지해 있는 이것과 같은 시계에 비교해서 리듬이 늦어진다」, 「어떤 속도로 운동하고 있는 완전히 단단한 막대의 길이(이것을 두 점간의 거리라고 해도 됩니다)는 정지해 있는 이것과 같은 막대의 길이에 비교해서 그 길이가 짧아진다」

다르게 말하면, 「우리가 살고 있는 세계는 시계의 리듬이나 막대의 길이가 시계나 막대의 속도에 의해서 바뀌고, 그 결과 빛의 진공 속에서의 속도가 이것을 관찰하는 사람의 속도에 의해서 바뀌지 않도록 그렇게 만들어져 있다」고도 할 수 있을 것입니다.

위에서 말한 아인슈타인의 두 가지 결론은 아무래도 상식을 벗어나 있는 것처럼 보입니다. 그러나 상식에서 벗어나 있다고 하여 그것이 틀렸다고는 할 수 없습니다. 세상에는 999명의 눈이 자유롭지 못한 사람과 한 사람의 그렇지 않은 사람도 있기 때문입니다.

상식적으로, 어떤 속도로 움직이고 있는 시계의 리듬이 늦어지거나 또 어떤 속도로 움직이고 있는 막대의 길이가 짧아지는 일은 없습니다. 이런 관점에서 보면, 뉴턴에 의해 이끌어진 운동방정식은 우리의 상식에 맞게끔 되어 있습니다. 즉, 뉴턴의 역학에서는 정지해 있는 시계도, 어떤 속도로 운동하고 있는 시계도 그 리듬은 바뀌지 않는 것으로 되어 있습니다. 말하자면 절대적인 시간의 흐름이 있다는 것입니다. 또, 정지해 있든 어떤 속도로 운동을 하고 있든, 막대의 길이로 대표되는 두 점간의 거리는 바뀌지 않는 있습니다. 즉, 절대적인 길이가 있다는 것입니다. 이런 확신이 없으면, 이를테면 만유인력의 크기는 그 근원이 되는 물체 사이의 거리로 결정된다고 하는 표현은 할 수가 없을 것입니다. 그런 의미에서 뉴턴의 역학은 말하자 면 '건전한' 상식 위에 세워져 있는 셈입니다. 그러나 아인슈타 인이 제창했듯이, 적어도 진공 속의 빛의 전파에 대해서 이 건 전한 상식이 설립되지 않는 것은 거의 명백합니다.

그래서 일단 이 상식을 버리고, 그 결과 어떤 결론이 나오는 지를 살펴보자는 것으로 되었습니다. 뜻밖에 여러 가지 결론이 나타납니다. 이를테면 「물체의 질량은 이것이 큰 속도로 운동 하면 할수록 커진다」라는 결론입니다.

또 「질량과 에너지는 동등하다. 이를테면 질량이 소멸하면 그것에 해당하는 어떤 양의 에너지가 발생한다. 또 에너지가 소멸하면 그것에 해당하는 어떤 양의 질량이 발생한다」는 것과 같은 결론도 나옵니다. 마지막 결론으로부터 보면, 질량 보존의 법칙도 에너지 보존의 법칙도 엄밀한 의미에서는 성립하지 않 게 됩니다. 이것을 통일한 '질량-에너지 보존의 법칙'이라고도 할 법칙만이 성립한다는 것이 됩니다.

3. 상식에서 벗어난 세계

시계의 리듬이나 물체의 질량이 그 운동속도에 의해 바뀐다 고는 하더라도, 그 변화하는 방법은 그다지 눈에 두드러지는 것은 아닙니다. 실은 시계나 물체의 속도가 진공 속에서 빛의 속도에 가까워졌을 때 비로소 그 효과가 눈에 보이는 정도입 니다.

빛의 속도에 가까운 속도라는 것은 우리에게는 말하자면 상식 밖의 큰 속도입니다. 이럴 경우에 우리의 상식이 성립되지 않는다고 해서 그리 신경 쓸 필요는 없습니다. 상식 밖의 경우에는 상식 밖의 일이 일어나도 되기 때문입니다. 실제로 앞에서 말한 아인슈타인의 결론은 모든 것이 실험에 의해 확인되어 있습니다. 이를테면 질량이 소멸하고, 그것에 해당하는 에너지가 발생한다는 결론이 원자폭탄의 원리가 되는 것입니다.

또, 물체의 운동속도가 커지면 그 질량이 증가한다는 결론은 사이클로트론을 사용하는 실험에 의해서 확인되고 있습니다. 사이클로트론은 전기장을 이용하여 전기를 띤 입자를 가속하는 장치입니다.

이 장치를 사용하여 입자를 가속시켜 가서, 그 결과 입자의 속도가 빛의 속도에 가까워지면 입자의 질량이 갑자기 커집니다. 이 때문에 그때까지보다 더 큰 힘을 걸어주지 않으면, 입자를 그 이상 가속할 수 없게 됩니다. 또 움직이고 있는 시계의 리듬이 늦어진다고 하는 결론은 이를테면 다음과 같은 사실에 의해 확인되어 있습니다.

우주에는 진공 속에서 빛의 속도에 가까울 정도의 고속으로 움직이고 있는 '우주선(字苗線)'이라고 불리는 입자를 많이 가지고 있습니다. 이와 같은 입자가 태어나서 죽기까지의 수명이, 계산으로 산출한 것보다도 언제나 훨씬 길게 나타나고, 움직이고 있는 시계(우주선 입자)의 리듬이 늦어지기 때문에 그 수명이 길어져 보인다는 것입니다. 이렇게 하여 얼핏 본 바로는 상식을 벗어난 상대성이론이 옳다는 것이 여러 가지 실험에 의해서 확인되고 있습니다. 상대성이론만큼 인간의 자연관에 깊은 영향을 끼친 이론은 없습니다. 우리가 지금까지 아무 반성도 없

이 가정하고 있었던 절대적인 시간의 흐름에 대해서 상대성이
론은 깊은 의문을 던져주었습니다.

4. 알베르트 아인슈타인

아인슈타인은 1879년, 뮌헨에 가까운 울름이라는 곳에서 작
은 공장을 경영하는 유태인의 장남으로 태어났습니다. 뮌헨의
김나지움을 거쳐, 1901년 스위스의 취리히에 있는 공과대학을
졸업했으나, 스위스의 시민권이 없었기 때문에 좀처럼 직장을
얻을 수가 없었습니다. 졸업한 지 2년이 지난 1903년에야 겨
우 스위스 시민권을 얻어 베른에 있는 특허국의 기사가 되었습
니다.

이 무렵부터 그의 독창적인 작업이 시작되고 있습니다. 완전
히 독학으로 특허국의 일을 소홀히 하는 법 없이, 아인슈타인
은 어떻게 해서 저 빛나는 일을 이룩했는지 지금도 수수께끼로
여겨지고 있습니다. 그는 1905년에 세 가지의 중요한 논문을
발표했습니다.

그 하나가 앞에서 말한 '특수 상대성이론'입니다.

나머지 하나는 '브라운 운동'에 대한 것이고, 또 하나는 뒤에
서 말할 '광양자(光量子)의 이론'입니다. 이 세 가지 일은 모두
빛나는 천재성이 발휘된 것이었습니다. 아인슈타인은 1914년에
베를린대학의 교수가 되었습니다. 마침 이때 1차 세계대전이
일어났습니다. 그는 특수 상대성이론을 확장시킨 '일반 상대성
이론'의 연구에 열중해 있습니다.

1918년에 대전이 끝났습니다. 그리고 이듬해인 1919년 5월
29일에 개기 일식이 있었습니다. 이때, 아인슈타인의 상대성이

론이 옳은지를 결정하는 영국의 관찰대가 브라질과 서아프리카로 파견되었습니다. 그리고 그의 이론이 옳다는 것은 증명되었습니다.

1921년 '광양자이론'에 대한 공적으로 노벨 물리학상을 받았습니다. 상대성이론이 너무 어려워 이것에 대한 반대자도 많아서, 상을 주는 데에 주저하는 분위기가 있었다고 전해지고 있습니다.

노벨상을 받은 이듬해인 1922년에 그는 일본을 방문해 40여 일 머무르며 강연으로 많은 사람들에게 깊은 감명을 주었습니다.

1930년 전후로 독일에서는 유태인 배척운동이 거세졌습니다. 그 일을 피해서 1933년 미국 프린스턴에 있는 과학연구소로 옮겨갔습니다. 1955년 세상을 떠날 때까지 프린스턴에서 평화로운 연구생활을 보냈습니다. 과학상의 일과 더불어 인류 평화를 위한 일도 강력히 추진했습니다. 1939년 당시 미국 대통령이었던 루즈벨트(Theodore Roosevelt, 1858~1919)에게 나중에 맨해튼 계획이라고 불리게 된 원자폭탄 제조계획을 권고하는 친서를 보냈습니다. 운명의 장난이었을까요? 최초의 원자폭탄은 1945년 완성되어 그해 8월, 일본 히로시마에 떨어졌습니다.

아인슈타인은 1955년 4월 18일 오전 1시에 세상을 떠났습니다. 죽기 이틀 전에도 세계평화를 위한 성명서에 사인을 하고 있습니다.

5. 방사성 원소, 방사능 및 X선

물질이 원자로부터 구성된다는 돌턴의 원자설은 1803년 발표되었습니다. 아보가드로가 분자설을 내놓은 것은 1811년의 일입니다. 그 무렵, 원자는 더 이상 분할할 수 없는 것으로 생각되었습니다.

원자를 가리켜 영어로는 'Atom'이라고 합니다. 아톰이라는 말은 원래 이 이상으로는 분할할 수 없는 것이라고 하는 그리스 말입니다. 이 말에도 당시 사람들의 원자에 대한 사고방식이 잘 나타나 있습니다. 그 이상 분할할 수 없는 것인 이상, 이를테면 질소원자를 산소원자로 바꾸는 따위의 일은 도저히 불가능합니다. 납을 금으로 바꾸려고 애를 썼던 아주 옛날의 연금술사들은 헛고생을 한 셈입니다.

그런데 1800년대 말부터 이와 같은 낡은 원자론의 사고방식을 바꿔 놓을 만한 일이 연달아 일어났습니다. 우선, 전자가 발견되었습니다. 음극선은 1869년 독일의 히토르프(Johann Wilhelm Hittorf, 1824~1914)에 의해서 발견된 것입니다. 톰슨(Joseph John Thomson, 1856~1940)을 비롯한 많은 사람이 음극선의 성질을 조사하여, 그것이 음전기를 띤 입자라는 것을 확인했습니다.

1800년대 말 무렵에는 전자가 모든 원자에 포함되어 있다는 것이 밝혀졌습니다. 원자는 이 이상으로는 분할할 수 없는 것이라고 하는 생각의 한 구석이 허물어지기 시작한 것입니다.

같은 진공방전의 연구로부터 1895년에 독일의 뢴트겐이 X선을 발견하고 있습니다. 얼마 후 X선의 정체는 파장이 아주 짧은 전자기파라는 것을 알았습니다.

1896년에는 프랑스의 베크렐(Antoine-Cesar Becquerel, 1788~1878)이 우라늄의 '방사능'을 발견하고 있습니다. 이 연구에 자극되어 1898년에는 프랑스의 퀴리 부부[Pierre Curie(1859~1906), Marie Curie(1867~1934)]가 '방사성 원소'인 라듐과 폴로늄을 발견하고 있습니다. 이들 모든 발견은 20세기에 꽃이 핀 새로운 원자물리학의 빛나는 선구가 되었습니다.

위에서 말한 '방사능'이나 '방사성 원소'라는 말의 의미를 설명해 두기로 합시다. 원소 중에는 'α(알파)선'이나 'β(베타)선', 또는 'γ(감마)선'이라고 하는 '방사선'을 내어, 다른 원소로 변환하는 것이 있습니다. 여기에서도 또 낡은 원자론의 사고방식이 허물어지고 있는 것을 기억하기 바랍니다.

어떤 원자가 다른 원자로 바뀌는 것입니다. 그 후의 연구에 의해서 β선의 정체가 '전자'이고, γ선의 정체가 X선보다 더 파장이 짧은 전자기파라는 것도 알았습니다. α선의 정체에 대해서는 뒤에서 설명하겠습니다. 어쨌든 이와 같이 방사선을 내어 다른 원소로 변환하는 원소가 방사성 원소입니다. 또 방사선을 내는 성질을 방사능(放射能)이라고 부르고 있습니다.

6. 원자의 구조

이와 같은 방사성 원소의 연구를 실마리로 하여 마침내 올바른 원자의 구조에 도달한 사람이 영국의 러더퍼드입니다. 러더퍼드는 원자는 양전기를 지닌 '원자핵'의 주위를 도는 전자의 무리로써 이루어지는 것이라고 생각했습니다. 이 원자모형은 태양계와 비슷한 데가 있습니다. 즉, 태양계의 행성에 해당하는 것이 전자인 셈입니다.

러더퍼드가 이와 같은 원자의 태양계 모형을 발표한 것은 1911년입니다. 이 이론에 의해서, 앞에서 말한 전자가 어느 원자에도 포함되어 있다고 하는 의미도 알게 되었습니다. 그러는 동안에 원자뿐 아니라 원자핵도 또한 구조를 가졌다는 것이 밝

혀졌습니다. 그러나 원자핵에 대한 올바른 생각이 얻어진 것은
훨씬 뒤인 1932년입니다.

그 해에 러더퍼드의 제자인 채드윅(James Chadwick, 1891~
1974)이 '중성자'라고 불리는 입자를 발견했습니다. 그리고 원
자핵이 '양성자'와 '중성자'로 이루어진다는 것을 알았습니다.

7. 원자핵의 구조

그 이름이 말해주듯이, 양성자는 양전기를 지니고 있습니다.
또 중성자는 전기를 지니고 있지 않습니다. 양성자가 지니는
전기는 전자가 지니는 전기와는 그 플러스, 마이너스의 부호만
틀립니다. 즉 전자의 음전기를 딱 상쇄할 만큼의 양전기를 양
성자가 지니고 있는 것입니다.

각 입자의 질량도 정해졌습니다. 양성자와 중성자의 질량은
거의 같으며, 이것이 전자의 1,800배나 된다는 것을 알았습니
다. 원자핵 속에는 이 같은 양성자와 중성자가 각각 몇 개씩
포함되어 있습니다. 원자핵 속에 포함되어 있는 양성자의 수를
그 원자의 '원자번호', 양성자와 중성자의 수의 합을 그 '원자
의 질량수'라고 합니다. 따라서 원자핵은 1개의 전자가 지니는
전기량을 원자번호의 배로 한 만큼의 전기량과, 1개의 양성자
의 질량을 질량수배로 한 만큼의 질량을 지니는 것이 됩니다.

전자의 질량은 양성자의 질량에 비해서 전혀 문제가 되지 않
기 때문에, 원자의 질량은 그 대부분이 원자핵 속에 집중되어
있는 것이 됩니다. 보통 상태에서는 원자핵 속의 양성자수와
같은 만큼의 수의 전자가 원자핵 주위를 돌고 있습니다. 1개의
양성자와 전자의 전기량은 서로 상쇄하기 때문에, 원자핵 속의

양전기와 그 주위의 전자가 지니는 음전기가 서로 상쇄하고 있어 결국, 원자는 보통 상태에서는 전기적으로 중성인 것입니다.

8. 원자번호와 원자의 변환

원자번호 1인 원소는 수소이고, 원자번호 2인 원소는 헬륨입니다. 이와 같이 원소의 화학적 성질은 그 원소의 원자번호에 의해 결정됩니다. 말하자면, 원소의 화학적 성질은 그 원소의 원자핵 주위를 도는 전자의 수에 의해 결정되는 것입니다.

앞서 방사성 원소를 설명하는 대목에서 말한 α의 정체가 헬륨원자의 원자핵이라는 것을 알게 되었습니다. 방사성 원소가 α선(헬륨원자의 원자핵)이나 β선(전자)을 방출할 경우, 이 α선이나 β선이 방사성 원소의 원자핵으로부터 나온다는 것도 알았습니다.

그러나 원자핵 속에 전자가 있는 것은 아닙니다. 방사성 원소가 β선을 낼 경우, 원자핵의 내부에서 중성자가 양성자와 전자로 바뀌고, 그 전자가 방출되는 것입니다. 어쨌든 간에 방사선이 α선이나 β선을 내면, 그 방사성 원소의 원자핵 속의 양성자의 수가 달라집니다. 그런데 원소의 화학적 성질은 원자번호, 즉 원자핵 속의 양성자의 수에 의해서 결정됩니다. 따라서 원자핵 내부의 양성자수가 바뀌면, 방사성 원소는 말하자면 다른 원소가 되어 버리는 것입니다.

이리하여, 과거의 연금술사들이 그토록 찾아 헤맨 원소의 변환이 자연계에서 일어나고 있다는 것이 밝혀졌습니다. 이윽고 인공적으로 원자핵 속의 양성자의 수를 바꾸어서, 하나의 원소를 다른 원소로 바꿀 수도 있게 되었습니다.

인공적인 원소의 변환을 최초로 실현시킨 사람은 영국의 러더퍼드입니다.

그는 1919년, 질소원자에 α선을 충돌시켜 이것을 산소원자로 변환하고 있습니다. 옛 연금술사들의 오랜 꿈을, 그가 마침내 실현시킨 것입니다. 그가 사용한 방법이 물리적인 방법이었다는 점을 기억합시다. 연금술사들은 화학적인 방법으로 원소의 변환을 시도해왔던 것입니다.

9. 보어의 업적

1913년, 네덜란드의 보어(Niels Henrik David Bohr, 1885~1962)가 러더퍼드의 원자모형을 사용하여 멋진 원자이론을 수립했습니다. 그 이론에 따르면, 원자핵 주위를 도는 전자는 몇 개의 허용된 궤도 위에서만 돌고 있습니다.

궤도 위를 도는 전자의 수는 한정되어 있습니다. 그리고 원자핵으로부터 떨어져 있는 먼 궤도를 도는 전자일수록 큰 에너지를 지니고 있습니다. 이런 생각에 바탕하여 그는 원소의 화학적 성질이 원자핵의 주위를 도는 전자의 수에 의해서 결정된다는 것과, 원소의 '주기율표'에서 가리켜지듯이, 원소가 그 성질에 따라서 몇 개의 그룹으로 분류된다는 사실을 멋지게 설명했습니다.

'주기율'은 러시아의 화학자 멘델레예프(Dmitri Ivanovich Mendeleev, 1834~1907)에 의해서 1869년에 발견된 법칙입니다. 이것은 여러 원소를 원자량의 순서로 배열하면, 화학적 성질이 비슷한 것이 거의 주기적으로 나타난다고 하는 법칙입니다. 이와 같이 배열했을 때, 첫 번째 원소는 수소이고, 두 번째 원소가 헬륨입니다. 헬륨에서부터 세어서 8번째의 원소에 네온이 있습니다. 네온에서부터 세어서 8번째 원소에 아르곤이 있습니다. 이 헬륨과 네온과 아르곤은 아주 흡사한 원소입니다. 모두 기체인데다 더욱이 다른 원소와는 그다지 결합하지 않는 화학적으로 활발하지 못한 원소입니다.

이와 같이 8번째마다 흡사한 원소가 나타난다고 하는 것이 멘델레예프의 주기율입니다. 그리고 흡사한 성질의 원소를 세로줄의 표로 배열한 표가 위에서 말한 주기율표입니다.

원자의 내부에서는 원자핵으로부터 떨어져 있는 먼 궤도를 돌고 있는 전자가, 갑자기 원자핵에 가까운 궤도로 옮겨 가는 일이 때때로 있습니다. 이 경우에는 여분의 에너지가 전자기파로서 방출됩니다. 이 같은 생각을 사용하여 보어는 원소를 내는 스펙트럼의 관측 결과를 훌륭하게 설명했습니다. 이리하여 러더퍼드의 원자모형은 확고한 기초를 얻게 되었습니다.

10. 러더퍼드

지금까지 여러 번 언급된 러더퍼드는 1871년에 뉴질랜드에서 차바퀴를 만들면서 작은 농장을 경영하는 집안의 아들로 태어났습니다. 7남 5녀의 4번째 아이였습니다. 이런 까닭으로 살림은 넉넉하지 않았으나, 본래 교사로 있었던 어머니는 교육에 무척 열성적이었습니다.

러더퍼드는 켄터베리대학을 거쳐 1895년 케임브리지대학에 있는 캐번디시연구소에 들어갔습니다. 이때 그를 지도한 사람이 전자의 발견으로 유명한 J. J. 톰슨이었습니다. 여기서는 주로 라디오의 연구를 했습니다.

1898년에는 캐나다의 맥길대학의 교수가 되어 몬트리올로 옮겼습니다. 여기서는 소디(Frederick Soddy, 1877~1956)라는 훌륭한 협력자를 얻어 방사성 원소의 자연붕괴를 연구했습니다. 그 결과는 1902년 발표되어 온 세계의 학자들을 깜짝 놀라게 했습니다.

1907년 러더퍼드는 맨체스터대학의 교수가 되었습니다. 여기에서는 가이거(Hans Geiger, 1882~1945)라는 훌륭한 조수를 얻어, 금속 박막에 α선을 충돌시키는 연구를 했습니다. 그 연구 결과로부터 원자의 태양계 모형을 착상한 것입니다. 태양계 모형은 1911년 발표되었습니다. 1차 세계대전 중에는 해군의 연구를 도왔습니다. 대전이 끝나고 연구실로 돌아와 여러 가지 원자에 선을 충돌시켜 이것을 다른 원자로 변환하는 일에 성공했습니다. 옛날 연금술사들의 꿈이 여기에서 결실을 본 것입니다. 그 후로는 캐번디시연구소의 소장이 되어 여기서 유능한 후 제자를 키우다 1937년, 세상을 떠났습니다.

11. 광양자설

스펙트럼의 이야기를 계기로, 다시 빛의 이야기로 돌아가기로 합시다. 빛의 입자설과 파동설이 다투어 끝내 파동설이 승리를 거두었다는 이야기는 앞에서 말했습니다. 그러나 세상 일은 단순하지가 않습니다. 빛을 입자로 생각하지 않으면 설명할 수 없는 '광전효과(光電效果)'라는 현상이 발견된 것입니다.

광전효과는 빛을 금속에 충돌시켰을 때, 금속으로부터 전자가 튀어나오는 현상입니다. 현재 광전효과는 빛을 전류로 바꾸는 장치에 사용되고 있습니다. 광전효과의 실험에서 어떤 파장,

즉 어떤 진동수의 빛을 금속에 충돌시켜 빛의 세기를 점점 강하게 해 봅시다.

이 경우 빛이 파장이라면 튀어나오는 전자의 에너지, 따라서 그 속도는 빛의 세기와 더불어 점점 커질 것입니다. 그러나 예상과는 달리 빛의 세기를 늘려도 튀어나오는 전자의 속도는 커지지 않습니다. 튀어나오는 전자의 속도는 언제나 일정하고, 다만 빛의 세기를 강하게 하면 튀어나오는 전자의 수가 많아질 뿐입니다. 빛을 '그 진동수에 의해서 결정되는 일정한 에너지를 가진 입자'라고 생각하면, 이 결과를 설명할 수 있습니다.

사실은 앞에서 말한, 1905년 아인슈타인에 의해서 제창된 광양자설(光量子說)이 바로 이 이론입니다. 광양자설에 의하면 빛의 입자의 에너지는 빛의 진동수만으로 결정됩니다. 진동수를 일정하게 하여 빛의 세기를 강하게 하면, 각 입자의 에너지는 일정하고 다만 그 입자의 수가 증가할 뿐입니다.

이와 같은 '광입자'가 금속에 충돌하면, 각 광입자와 전자의 한 판 싸움이 벌어집니다. 광입자가 갖는 에너지는 모두 일정하기 때문에 싸움의 결과로 튀어나오는 전자의 에너지, 따라서 속도도 일정합니다. 빛의 세기를 강하게 하면 그 만큼 광입자의 수가 증가합니다. 따라서 싸움의 결과로 튀어나오는 전자의 수도 증가할 것입니다.

12. 양자역학

지금까지 분명히 파동이라고 생각되었던 빛이 입자의 일면을 지녔다는 것을 확인했습니다. 한편, 지금까지 분명히 입자라고 생각한 전자가 파동의 성질을 지녔다는 것도 알게 되었습니다.

전자의 흐름을 결정에 충돌시키면, 전자가 빛이라는 데서 설명한 회절이나 간섭의 현상을 보인다는 것을 알았습니다. 파동이라고 생각하고 있었던 것이 입자의 성질을 보이고, 입자라고 생각하고 있었던 것이 파동의 성질을 보인다는 것을 알았다는 뜻입니다. 파동은 연속적인 현상이고, 입자는 불연속적인 것입니다. 따라서 빛이나 전자라고 하는 물리적 존재는 파동과 같은 일면을 지니면서 또 입자와 같은 일면도 지니고, 더욱이 연속적인 일면과 불연속적인 일면도 지니는 것이 됩니다.

우리가 보통 익숙해 있는 세계에서는 이런 이해하기 곤란한 일은 그다지 일어나지 않습니다. 빛의 파장이나 원자의 크기는 우리의 상상을 초월하는 작은 것입니다. 우리의 상상을 초월하는 곳에서 다소 우리가 이해하기 곤란한 일이 일어난다고 하더라도, 그것은 감내해야 할 것입니다. 이것은 상대성이론을 설명한 데서도 말한 적이 있습니다. 그것은 어쨌든 간에 이러한 파동과 입자, 연속과 불연속을 교묘히 도입한 이론이 1925년경에 동시에 발표되었습니다.

프랑스의 드 브로이(Louis-Victor de Broglie, 1892~1987), 오스트리아의 슈뢰딩거(Erwin Schrödinger, 1887~1961), 독일의 하이젠베르크(Werner Karl Heisenberg, 1901~1976), 영국의 디랙(Paul Adrien Maurice Dirac, 1902~1984) 등이 제안한 '양자역학(量子力學)'이 그것입니다. 이윽고, 양자역학에 바탕하여 물질의 성질을 연구하는 '물성론(物性論)'이라는 학문이 큰 위치를 차지하게 되었습니다. 물성론을 공업기술에 응용하는 길도 트였습니다. 트랜지스터의 개발 등이 그 좋은 예입니다.

한편, '소립자론(素粒子論)'이라고 하는 물리학의 새로운 분야가 생겨났습니다. 소립자란, 원자나 원자핵을 구성하고 있는 입자를 말합니다. 지금까지 설명한 전자나 양성자, 중성자도 소립자입니다.

이들 소립자 외에도 여러 개의 소립자가 잇따라 발견되었습니다. 이대로 팽개쳐 두면 소립자의 수가 원소의 수보다 더 많아질 추세입니다.

우리는 여기에서 만족할 수가 없습니다. 소립자 사이에 무엇인가 있을 통일적인 원리를 발견하여, 소립자를 만드는 바탕으로 되어 있는 소립자의 소립자라고나 할 것에 도달하고 싶은 것이 현재 소립자론을 연구하고 있는 사람들의 소망입니다.

13. 원자에너지

1939년부터 1945년까지 2차 세계대전이 온 세계를 휩쓸었습니다. 전쟁이 시작되기 전 해, 즉 1938년 '원자핵 분열'의 현상이 발견되었습니다.

1932년 중성자가 발견되었다는 것에 대해서는 앞에서 말했습니다. 이탈리아의 페르미(Enrico Fermi, 1901~1954)는 중성자의 발견과 동시에 이것을 원자핵에 충돌시켜 하나의 원소를 다른 원소로 변환하는 연구를 시작했습니다. 그는 당시에 알려져 있던 원소 중에서 원자번호가 가장 큰 우라늄에도 중성자를 충돌시켜 보았습니다. 무언가 새로운 일이 일어났습니다. 페르미는 원자번호가 우라늄보다 큰 '초우라늄원소'가 만들어진 것이라고 페르미는 생각했습니다. 그러나 여러 가지로 이해하기 힘든 일도 있었습니다.

1938년이 되어 독일의 오토 한(Otto Hahn, 1879~1968)과

슈트라스만(Fritz Strassmann, 1902~1980)이 두 사람이 바른 해
답에 도달했습니다. 초우라늄원소가 만들어지기는커녕, 우라늄
의 원자핵이 정확히 두 개로 분열되어 있었던 것입니다. 그리
고 그때 약간의 질량이 소멸하고, 그것에 해당하는 에너지가
발생하고 있는 것이 확인되었습니다. 여기에서도 아인슈타인의
상대성이론이 위력을 발휘하고 있었습니다. 이 소식은 그 당시
무솔리니의 손아귀를 벗어나 미국으로 이주한 페르미와 그 무
렵 미국을 방문한 보어에 의해서 미국에도 전해졌습니다.

과학자들의 요구에 의해, 아인슈타인이 루즈벨트에게 원자폭
탄의 연구를 추진시키라는 편지를 쓴 일에 대해서는 앞에서 이
야기했습니다. 그것은 1939년의 일이었습니다. 이윽고, 맨해튼
계획이라고 불리는 원자폭탄 제조의 연구가 시작되었습니다.

페르미와 여러 과학자들은 원자핵분열이 '연쇄반응'이라는 것
을 발견했습니다. 우라늄 원자에 중성자를 쏘아 우라늄원자가
분열할 때, 1개 이상의 새로운 중성자가 생성되는 것이었습니
다. 반응은 사슬처럼 연달아 일어납니다. 그리고 결국 거대한
에너지가 해방됩니다. 이 발견에 힘을 얻어 연구는 강력히 추
진되었습니다.

1942년에는 페르미 등이 훌륭하게 가동하는 원자로를 완성
시켰습니다. 1945년에는 최초의 원자폭탄이 만들어져, 그해 8
월 일본의 히로시마에 투하되었습니다.

다만, 한 가지 여기서 기억할 점은 원자에너지가 언제나 원
자폭탄과 같은 전쟁의 목적으로만 쓰이지는 않는다는 것입니
다. 원자력발전과 같은 평화적 이용으로 인간의 행복이 증진되
고 있기도 합니다.

14. 우주개발, 기타

원자력의 연구와 더불어 우주개발이 강력히 추진된 것도 최근의 일입니다.

1957년 10월, 최초의 인공위성인 러시아(구소련)의 스푸트니크 1호가 발사되었습니다. 1959년 9월 러시아의 루니크 2호가 달에 명중했습니다. 이것에 이어 10월에는 루니크 3호가 달 뒷면의 사진 촬영에 성공했습니다.

또 1965년 7월에는 매리너 4호가 화성의 사진 21장을 송신해 왔습니다. 1961년 4월에는 최초의 유인우주선인 러시아의 보스토크 2호가 발사되었습니다. 1969년 7월에 미국의 아폴로 11호가 사상 처음으로 인간의 달 착륙에 성공한 일은 여러분의 기억에도 새로운 것입니다. 이와 같은 우주개발 외에 지구 내부의 연구와 해저 연구가 강력히 추진되게 된 것도 최근의 일이라 하겠습니다.

끝맺음

인류의 발생에서부터 시작하여, 우리는 마침내 원자에너지의 해방과 우주개발의 이야기까지 당도했습니다. 우리의 물리학의 역사도 이제 겨우 종말에 다다랐습니다.

앞으로 물리학은 어떤 길을 더듬어 가게 될까요? 그것은 아무도 모를 일입니다. 그러나 이 물리학의 역사의 각 장에서 밝혔듯이, 뜻밖의 발견이 잇따라 이루어져서 물리학은 끊임없이 그 진보를 계속해 나갈 것입니다. 그러한 진보와 발달을 가져올 사람은 이 책을 여기까지 읽어온 젊은 여러분들입니다. 즉, 미래의 물리학은 여러분에게 속하며, 미래의 물리학의 역사는 여러분에 의해서 쓰이는 것입니다.

역사의 페이지를 닫고, 행동할 시간이 다가왔습니다. 그러면 여러분, 이 작은 책을 닫기로 합시다.

해설

나카무라 세이타로(中村誠太郎)

1

1974년에 방송대학 실험 프로의 하나로서 『물리과학의 세계』라는 제목으로 열네 번의 연속 강의를 방영했다. 그 한 과목을 다케우치 박사께서 담당하시도록 부탁하여 「지구를 캔다—지구 물리학의 역사」라는 강의를 들은 적이 있다. 박사는 대륙이동설(大陸移動說)에서부터 시작하여, 지구과학의 새 분야에 중심을 두고, 맨틀대류 등의 지구에 관한 여러 가지 문제에 걸쳐 광범한 분야를 막힘없이 해설해 주셨다. 잘 정리되어 있고, 처음부터 끝까지 연속되는 생생한 화술에, 방송에 익숙하지 못한 나 따위는 도저히 따라갈 수 없는 훌륭한 강의였다.

물리학의 역사는 단순한 발명, 발견의 이야기뿐이 아니라, 살아있는 인간과 자연계의 상호관계가 중요하다. 인간이 어떻게 하여 자연에 대한 지식을 얻었으며 어떻게 그 지식을 생활과 사회에 응용해 왔느냐고 하는, 모든 역사와 마찬가지로, 인간과의 관련성이 그 기초로 되어 있다는 것이다.

대학에서 물리학을 배우는 학생들에게 귀찮고 까다로운 것은 역학, 소리, 열, 빛, 전자기 등이 분야마다 모형과 사고방식이 다르다는 점이다. 그리고 각 분야에서 서로 다른 양을 다루는 수학에 의해 독특한 법칙이 나오기도 하여 어리둥절하게 된다. 고등학교에서는 수학적인 연산을 생략한 채로 법칙이 주어졌고, 자연현상이나 실험과 법칙의 결부에만 중점이 맞춰져 있다. 그런가 하면 현재의 대한 일반물리 교과서에서는 개별적인 연산법의 해설에 중점이 두어져, 쓸데없이 어렵고 무미건조하다. 애당초 자연현상을 보고 생겨나는 '왜'라고 하는 의문에 대답하는 대신, 헛되이 학식의 높이를 자랑이나 하는 것처럼 보인다. 물리 본래의 목표인 자연현상 자체의 이해라는 점이 이들 교과서에서는 간과되고 있다.

이번에 다케우치 박사가 정리하신 『물리학의 역사』는 종래의 그러한 대학 교과서가 지니는 결점을 보완하여, 물리학 본래의 의미를 배우기 위한 좋은 저술이다.

2

과학은 상식을 뒤집는다고 한다. 물론, 그것은 확실한 근거가 있음으로써 비로소 받아들여지는 일이다.

뉴턴역학의 준비시대에는, 아직 신화가 상당한 부분 상식을 지배하고 있었다. 지구는 우주의 중심에 있으며 모든 천체는 지구 주위를 돌고 있다. 하늘은 완전하며 그 궤도는 모두 원이다. 왜냐하면 원은 도형 중에서 가장 완전하기 때문이다. 이와 같은 상식을 타파하는 일은 당시로서는 큰 반역이었다.

코페르니쿠스가 행성은 태양 주위를 회전하고 있다고 하는 지동설을 제창한 것은 긴 세월에 걸쳐 화성과 그 밖의 천체를 관측하여, 화성 등이 하늘의 한쪽 구석을 왔다 갔다 하는 것을 확인하고 면밀한 계산을 한 뒤의 일이었다. 그래도 신중한 코페르니쿠스는 만년에 가서야 겨우 그 설을 발표했다.

케플러가 행성의 궤도는 원이 아니라 타원이라고 하는 결론을 내놓은 것도, 그의 스승 티코의 오랜 세월에 걸친 천체관측 기록을 이미 주의 깊게 분석한 후의 일이었다.

갈릴레오는 만년에 종교재판을 받으면서도 코페르니쿠스의 지동설을 버리지 않고, 「그래도 지구는 움직인다」라는 유명한 말을 남겼다. 갈릴레오는 자신이 발명한 망원경으로 달의 표면을 관찰하여, 지구와 비슷한 바위와 골짜기가 있는 것을 알고 있었으므로, 새삼스럽게 신화를 믿을 마음은 도저히 갖지 못했을 것이다.

물리학에서 사용하는 말은 처음에는 일상의 경험으로부터 나온 것이었지만, 법칙을 수학적으로 나타내기 위해 상식에서 떠나 추상적인 것으로 되어 학생들은 골머리를 앓곤 한다. 이를테면, 뉴턴역학의 법칙에서는 '질점'이라는 말이 나온다.

이것은 물체의 모든 질량이 크기가 없는 한 점에 모였다는 의미이다. 이런 불가사의한 일은 상식으로는 생각하기 어렵다. 뉴턴이 지구와 달 사이에 작용하는 인력을 계산할 때, 어디서부터 어디까지를 지구와 달의 거리로 할 것인가 하고 망설인 끝에 생각해 낸 것이다. 즉, 지구의 중심에 그 질량을 모으고 달의 중심에 달의 질량을 모은 뒤, 중심끼리의 거리를 만유인력의 법칙에 넣은 것이다. 이리하여 '질점'이라는 기묘한 양(量)이 역학 속에 정착하여 하나의 관용어가 되어 버렸다. 그러나 이해할 수 없는 말이다.

열의 본성은 무엇인가? 춥고 따스한 느낌을 나타내는 수치를 결정하는 한란계가 발명되어 '온도'라는 양이 나타난다. 따뜻해지면 물체의 부피가 팽창한다. 그 정도가 물체마다 거의 일정하다는 것이 한란계의 원리로 되어 있다. 수은이 한란계에 쓰이는 이유는 그 부피 증대의 정도가 크고 식별하기가 쉽기 때문이다.

기체가 가열되어 팽창하려고 그 용기의 벽을 압박한다. 그 압력에 의해서 벽을 움직이면 일을 할 수 있다. 일은 뉴턴역학에서 다루는 방법을 알고 있는 양이며, '에너지'라는 양으로 측정된다. 마찰에 의해서도 물체가 가열되는 것도 알았고, '열'과 '에너지'의 전환의 관계식이 발견되었다. 열이 에너지의 한 형식이라는 것도 실험이나 체험을 바탕으로 하여 이해된다.

뉴턴은 이미 열과 역학의 관계를 간파하고 있었기에 다음과 같은 설을 말하고 있다. 「열은 물질이 아니며, 물질을 형성하는 입자의 기계적 운동이다」

그렇다면 그와 같은 입자란 도대체 무엇일까? 그리스시대에 근원을 두는 물질의 원자론에 의하면, 만물은 이 이상 분할할 수 없는 원자로써 구성된다. 만물은 4원소라 하는 물, 흙, 공기, 불로써 이루어진다. 이와 같은 신화는 18세기가 되어 프랑스의 라부아지에와 영국의 캐번디시 등의 화학자에 의해 타파되었다.

당시의 화학에서는 플로지스톤이라고 하는 정신적인 정기(精氣) 같은 것이 드나들어 화학반응이 일어난다고 하는 설이 지배적이었다. 라부아지에와 캐번디시는 정량적인 화학실험을 통해 이들 신화가 근거 없는 이야기라는 것을 보여주고, 오늘날의 화학 원소설의 기초를 쌓았다. 또 공기, 흙, 물도 화학원소의 복합체라는 것을 알아내고, 신화의 그릇됨을 증명하였다.

다시 영국의 돌턴이 원자설을 수립하여, 화학원소는 미소하여 분할할 수 없는 영구불변의 '원자'로써 구성된다고 주장했다. 원자의 종류가 화학원소의 종류를 결정한다는 내용이다.

이어서, 이탈리아의 아보가드로는 「각종 기체를 구성하는 궁

극 단위는 분자이다. 동일 기체의 분자는 형태, 크기, 질량이 모두 같다. 분자는 몇 개의 원자가 모여서 이루어진 것이다. 기체는 온도, 압력, 부피가 같을 때는 어떤 기체라도 같은 수의 분자를 갖는다」고 하는 설을 수립했다.

이와 같은 화학의 분자설은 물리학에도 혁명을 가져다주었다. 물체는 고체, 액체, 기체를 가리지 않고 막대한 수의 분자로써 구성되어 있다. 특히 기체의 경우, 그 분자는 자유자재로 돌아다닌다고 하여 이미 확립되어 있는 이상기체(理想氣體)의 식에 적용시킨다. 그 결과, 분자의 평균속도와 분자의 질량이라고 하는 미소한 세계의 양을 기체의 부피, 압력, 온도와 같은 눈에 보이는 세계에서 측정할 수 있는 양과 결부시키는 식이 나오게 되었다. 이것은 1몰의 기체의 분자수(아보가드로수)라고 하는 보편상수에 의해서 결부되어 있다.

기체분자 운동론은 처음에 맹렬한 반대에 부딪쳤다. 이미 열에 대해서는 역학적인 사고를 바탕으로, 측량할 수 있는 양 사이의 미분방정식이나 에너지에 대한 정리가 완성되어 있다. 왜 분자와 같은 가공 세계의 꿈같은 이야기에까지 개입하지 않으면 안 되겠느냐고 하는 것이 그 반대의 주된 논지였다.

오스트리아 빈대학의 마하(Ernst Mach, 1838~1916)는 「원자가 존재한다고 하는 것을 나는 믿을 수가 없다. 실측된 양 사이의 관계를 가르쳐 주는 법칙만 알고 있다면, 굳이 공상적인 미소 세계에 대해서 생각하는 것은 무의미하다. 원자론은 법칙의 이해를 돕는 기호와 같은 것에 불과하다」는 의견을 내놓았다. 그러나 그 후계자 볼츠만은 「미분방정식에서 원자론의 액막이를 할 수 있다고 확신하는 사람은 나무는 보고 숲은 보지 않는 사람이다」하고 반대 입장을 취했다. 볼츠만은 무수한 똑같은 분자의 집단의 성질은 '평균'이라든가 '확률'이라고 하는 통계적 입장에 의해서 비로소 올바르게 다룰 수 있다고 생각했다.

그 후, 볼츠만은 영국의 맥스웰과 더불어 기체의 속도분포의 공식을 이끌었고 에너지 등분배(等分配)의 법칙을 수립했다. 이것은 큰 집단의 분자에 대해서 확률의 사고를 적용하여, 똑같은 기체분자의 행동은 생각할 수 있는 운동의 형태 모두에 대해서 같은 확률을 가진다고 하는 가정에서부터 출발하는 것이다. 다만 기체의 상태가 심하게 변동해서는 곤란하기 때문에, '평형상태'에 있다고 하는 가정도 필요해진다. 이 가정은 열의 역학이론에서 이미 생각하고 있었던 것이다. 또 상태의 변화 방향이 확률이 큰 방향으로 향하는 것은 당연하다고 생각된다. 이것은 열의 역학이론에서, 실험으로부터 이끌어진 상태변화의 방향에 대한 법칙을 훌륭하게 설명하는 것이었다.

이와 같이 처음에는 거센 반대를 받은 기체분자 운동론도 열전도, 점성, 확산 등 여러 문제에 응용되어 납득할 만한 답을 내놓았다. 그리고 현미경을 사용하여 식물의 꽃가루를 물에 띄운 것을 관찰하자, 빠르고 미세한 불규칙한 운동이 발견되었다. 이것은 1828년의 일로 발견자의 이름을 따서 브라운 운동이라 한다. 브라운(Robert Brown, 1773~1858)에 따르면, 생체조직뿐 아니라 무기물질도 또 '살아있는 입자' 또는 '민감한 입자'로써 구성되어 있다.

즉, 기체뿐 아니라 액체 속에도 분자의 무질서한 운동이 자연의 상태로서 존재하는 것이다. 이 운동은 결코 정지하는 일이 없고 온도가 높아지면 활발해진다.

열을 분자운동으로부터 설명하려는 이론은 이렇게 하여 차츰 받아들여질 수 있었다. 동시에 분자라고 하는 미소한 세계의 탐구로 향하는 길을 여는 새로운 수확도 가져왔다.

온도를 내리다 보면 한계가 있다. 섭씨 마이너스 273.15도 이하는 되지 않는다. 이러한 사실도 분자의 무질서한 운동이 완전히 정지되었다고 생각하면 설명이 된다. 이 절대 영도 부근까지 물질의 온도를 내렸을 때, 물체가 기묘한 행동을 한다는 것도 알고 있다.

3

물리의 역사 속에는 깜짝 놀랄 만한 발명, 발견이 나타난다. 특히 20세기에 들어와서부터는 원자력이나 상대성이론, 기상천외한 발명과 발견이 세상을 놀라게 하고 있다. 그러나 본래의 물리의 발걸음은 조금씩 자연 속에 잠재하는 구조와 법칙을 알게 됨으로써, 처음에는 별개의 것으로 생각되었던 현상 사이에 연결이 생기고 통일된 자연의 모습이 떠오르는 것이 기본 노선이다.

자석과 전기라고 하는 비슷한 인력, 척력의 현상이 사실은 서로 독립해 있지 않다는 것이 실험으로 밝혀졌다. 전류가 흐르면 주위에 자기력이 작용한다. 회전하고 있는 전류는 자석과 같은 작용을 한다. 한편, 회로에 자석을 접근시키면 갑자기 전류가 흘러나간다. 자기력이 작용하는 곳을 전기를 띤 입자가 달려가면 편향력(偏向力)을 받는다. 이들 법칙을 통합하여 정전기(靜電氣), 정자기(靜磁氣)의 법칙도 고려하여 통일한 것이 맥스웰의 전자기 방정식이다.

축전기의 두 극판 사이에 여러 가지 물질을 끼워 넣으면 두 극 사이에 작용하는 전기력이 변화한다. 코일의 중심에 가위를 끼워 두고 코일에 전류를 흘려보내면, 주위에 나타나는 자기력이 항상 강해진다. 패러데이는 전자기력은 그것을 전도하는 공간에 '무언가' 중요한 역할을 하는 것이 있다고 생각했다.

이와 같이 「근원과의 사이에 어떤 것에 의해 힘의 크기가 달라진다」고 하는 것은 중력에서는 볼 수 없는 새로운 성질이다. 전기력이 작용하는 장소를 전기장, 자기력이 작용하는 장소를 자기장이라 부르고 근원에서부터 독립된 존재로 본다.

맥스웰의 방정식 속에는 전기장 또는 자기장이 파동으로 되어 전체 공간으로 전파해 가는 경우가 있다. 더욱이 그 파동이 전파하는 속도가 마치 진공 속을 전해 가는 빛의 속도와 같다는 것을 알았다.

빛의 본성에 대해서는 뉴턴의 빛의 입자설과, 호이겐스와 영(Thomas Young, 1773~1829)의 빛의 파동설이 오랫동안 다투고 있었다. 물속으로 들어간 빛이 공기 중에서 보다 속도가 떨어진다는 것을 확인하고, 간섭 등의 성질을 알게 되어 파동설이 우세이기는 했다. 그러나 진공 속에서도 빛이 전파하는 이상, 진공 속에 빛의 파동을 전파하는 매질이 없으면 곤란하다. 에테르라는 이름의 이 신비의 매질은 역학적으로 설명이 어려웠다. 맥스웰의 전자기방정식을 빛의 파동이 만족시킨다는 것이 밝혀진 후에도 여전히 이 수수께끼는 남아 있었다.

독일의 헤르츠가 불꽃방전을 통해 인공적으로 빛을 만드는 데에 성공했다. 이 인공적인 빛은 장치의 크기 정도의 파장을 갖는다. 보통의 빨강, 파랑, 보라의 빛은 이것에 비해 훨씬 파장이 짧다. 전자기의 파동이라는 뜻으로, 뭉뚱그려 전자기파라고 부른다. 맥스웰의 방정식은 빛이 횡파라는 것을 증명할 수는 있었지만, 에테르의 성질만은 아무리 해도 풀지 못했다. 아인슈타인이 에테르를 버리고 공간 자체가 전기장과 자기장임을 허용하고, 전자기파를 전파하는 물리적 성질을 지니고 있다는 대담한 가정에 의해 해결하기까지 헛된 노력은 계속되었다.

전기와 자기의 탐구는 빛의 본성에서부터 공간의 본질에 이르는 속 깊은 수확을 가져왔다. 전자기학은 오늘날의 문명의 기술의 기초로서도 폭넓게 응용되고 있다. 전자석에 의한 강한 기계력, 에너지자원으로서의 전력 등의 강전현상(强電現象)도 통신, 계산기, 의학진단 등에 사용되는 전자기파와 같은 약전현상(弱電現象)도 전자기의 법칙을 알고서야 비로소 응용할 수 있다.

또, 분자나 원자와 같은 물질 구조의 요소 속의 세계에서도 전자기력은 중요한 역할을 하고 있다. 오늘날 가속기라고 하여 물질의 구조를 탐구하는 대형장치도 전자기력에 바탕하여 작용하는 메커니즘이다. 또 광대한 대우주의 여러 천체에서부터 지구, 생물을 통한 전자기의 작용을 무시할 수는 없는 일이다.

4

19세기말, 물리학이 완성되었다. 역학, 소리, 열, 빛, 전자기로 여러 가지 자연현상에 대해서 미분, 적분을 사용한 법칙이 확립되어 이제는 더할 일이 없다는 분위기가 빚어지기 시작했다. 그러나 이와 같은 태평스런 생각은 전자와 X선, 방사능의 발견에 의해 허무하게 무너져 버렸다. 이들 높은 에너지가 드나드는 현상은 상식을 초월하는 모형을 낳았고, 이미 기성 물리학으로는 감당할 수 없는 성질을 드러냈다.

20세기의 초반 30년은 물리학의 역사상 최고의 격동기라고 가모프(George Gamow)는 말했다. 필자는 최초의 40년간은 이론의 혁명시대, 이어지는 40년 남짓은 실험의 급성장시대라고 생각한다. 어쨌든 분자, 원자와 같은 극미 세계의 지식이 은닉처로부터 모습을 드러낸 시대이며, 동시에 우주의 극대 세계로까지 추찰할 수 있는 시대이다. 지금까지의 물리학의 법칙에 의지하여 이들 새 분야를 개척해 온 사람들은 상식을 타파하지 않고서는 전진할 수 없다는 절박감을 지니고 있었다.

우선, 아인슈타인은 상대성이론에 의해 '시간'을 다루는 방법을 근본적으로 바꾸어 놓았다. 그는 뉴턴역학 이래 계승되고 있던 '시간'을 어떻게 하여 측정하느냐는 따위는 생각하지 않고, 우주에는 절대적으로 흘러가는 시간이 있다고 무의식적으로 생각하고 있었던 것이다. 만약 시계를 가지고 가서 한 사건이 일어난 장소에서의 시간을 측정하게 된다면, 상대적인 시간 밖에는 잴 수 없다는 것을 깨달았고, 이것이 역학의 혁명을 가져오는 실마리가 되었다.

이어서 하이젠베르크가 불확정성원리에 의해 양자역학을 구축했다. 이것 역시 원자 속에서 회전하고 있는 전자의 위치를 측정하는 사진을 왜 찍을 수 없는가 하는 아인슈타인의 질문으로부터 출발했다. 원자 정도(1억분의 1센티미터)의 파장의 빛을 그 원자 속을 달려가는 전자에 충돌시키면, 에너지가 크기 때문에 전자는 튀어나와서 어디에 있는지조차 모르게 된다. 즉, 위치와 운동량을 동시에 정확히 측정하는 일은 원리적으로 불가능한 것이다.

이와 같이 20세기의 혁명적인 두 가지 이론, 상대적이론도 양자역학도 자연을 측정하는 장면으로까지 개입하여 비로소 발견한 원리가 출발점으로 되어 있다. 이들 물리학이 가져온 광범위한 지식과 그 응용이란 바로 가슴 설레는 흥미진진한 이야기이다.

더욱이 이와 같은 새로운 발전의 기초에는 19세기까지에 완성된 물리학의 에센스가 살려져 있다. 그런 의미에서도 고전물리학은 중요한 기초이며, 충분히 습득할 가치가 있는 학문이다.

열의 본성이 충분히 밝혀지지 않았던 시대에 이미 카르노가 증기기관의 원리를 발명했었다. 원자력의 응용이 이루어지고 있다고 해서, 원자핵 세계의 지식이 다 규명된 것은 아니다. 지금도 아직 원자핵 속은 미지의 세계이며 지식의 보고로서 인간의 도전을 기다리고 있다.

(도카이대학 교수)

이야기 물리학사

초판 1쇄 1995년 10월 30일
개정 1쇄 2019년 05월 09일

지은이 다케우치 히토시
옮긴이 손영수
펴낸이 손영일
펴낸곳 전파과학사
주소 서울시 서대문구 증가로 18, 204호
등록 1956. 7. 23. 등록 제10-89호
전화 (02)333-8877(8855)
FAX (02)334-8092
홈페이지 www.s-wave.co.kr
E-mail chonpa2@hanmail.net
공식블로그 http://blog.naver.com/siencia

ISBN 978-89-7044-880-0 (03420)
파본은 구입처에서 교환해 드립니다.
정가는 커버에 표시되어 있습니다.